译文经典

城市小空间的社会生活

The Social Life of Small Urban Spaces

William H. Whyte

〔美〕威廉·H. 怀特 著

叶齐茂 倪晓晖 译

上海译文出版社

致读者

30 多年来，[1]“公共空间项目”一直都在使用观察、调查、访谈和小组讨论等方法，研究世界范围的公共空间，思考如何把公共空间变成社区场所。我们每周都举办各式各样的演讲，利用怀特在《城市小空间的社会生活》中提出的技术、观念和难忘的短语，谈论为什么一些公共空间运转良好，而另一些则不然。

公共空间支撑着社区，所以，我们致力于建设和维持公共空间，在这个过程中，“公共空间项目”实施了涉及市场、交通、公园和广场以及公共建筑的各种项目。我们的“公共市场协作组”，以露天和历史的市中心市场为基础，用人气和商业活力，把街道、广场和停车场改变成熙熙攘攘的“人的场所”。在交通项目中，我们鼓励使用公共交通，推广交通宁静化开发，致力于减少城市蔓延，建设比较宜居的社区。我们的“城市公园研究所”倡导把公园建设成社区场所。我们为交通工程师、建筑师等相关专业人士和社区、政府官员，举办相关培训课程，帮助他们了解我们从怀特那里所学到的东西：公共空间是场所，而不是工程项目，为了让公共空间真正成为人们聚会的场所，我们必须在设计公共空间时，把人和人的使用一并考虑进去。我们把这些理论都收集到了一本叫作《如何让一个场所向好的方向转变》的手册中，用来创造《城市小空间的社会生活》中第一次提出的那种生机勃勃的社会场所。

怀特既是我们的导师，也是我们的朋友。怀特最重要的天赋也许是，他有能力告诉我们，如何发现为什么一些公共空间运转良好，而另一些则不然。1980 年，《城市小空间的社会生活》出版，与此相伴的影片发行，从此，人们发现，通过观察和访谈等基本方法，我们就可以了解到大量把我们的城市建设得更宜居的办法。怀特为改变公共空间建设和规划方式的重大思潮奠定了基础。我们很高兴让这本书重返它致力改变的那个世界。

董事长，弗雷德·肯特

副董事长，史蒂夫·戴维斯和凯西·马登

① “公共空间项目”（PPS）至今仍然在从事公共空间的咨询和设计业务。从 1975 年成立到 2015 年，这个组织已经有整整 40 年的历史。当初建立这个组织就是为了扩大怀特致力于展开的城市公共空间工作。40 年来，这个组织在美国 50 个州和世界 43 个国家的超过 3 000 个社区里完成了公共空间项目，成为公共空间建设方面的先锋、信息和资源中心。——译者

目录

目 录

序

怀特从宾夕法尼亚的乡村开始，沿着高速公路驱车往前走，走过一个又一个美国城市，在路边单调的景物中，寻找那些城市的边界，但是，他最终也没有找到那些城市的边界。怀特在《最后的景观》一书中叙述了他的这段经历。过去10年里，怀特把大量的时间投入很多城市，尤其是纽约。他一直在观察城市的空间，与人们交谈，做笔记，拍照和摄影，测量长凳和台沿的高度，撰写文章，帮助编撰分区规划法令，在教堂和高层建筑里演讲，找出人们使用和不使用的公共空间，探究个中原因。[①]正如我们会看到的那样，他常常惊讶于他自己的发现。

很多年以前，在“纽约市政艺术协会”的一次会议上，怀特制作的影片也着实让我惊讶过一次。那个时代的大多数人都会把纽约与肮脏、破败、犯罪和金融危机联系起来。怀特说：“我打算给诸位放一段人们在曼哈顿大街上步行的录像，我要你们找出那些人的共同点。”脚、鞋、腿、裤子、衬衣、短衫、裙子、手臂、手提包、公文包、伞、人头、帽子、安全帽、脸庞、笑容。笑容？在纽约大街上的人们为什么会露出笑容呢?

那些人正处在城市危机之中，那些人正在一座许多人认为开始走下坡路的城市的大街上行走，一些人开心，还有一些人理所当然地不开心，甚至愁眉不展。在我们思考城市和城市中的人们时，我们一直都太倾向于全然忘却了他们的笑容。城市里有开心的人。城市里有人们喜欢的有益身心的地方，这些地方让人觉得幸福，这些地方可以让人绽放出笑容。

这本书所要谈到的一些城市小空间就是一种可以让人绽放出笑容来的地方。成功的迷你公园是一种城市小空间，如纽约的佩利（Paley）和格里纳克（Greenacre），华盛顿特区的法拉哥特广场（Farragut Square）或杜邦环岛（Dupont Circle）。广场是一种城市小空间，如芝加哥第一国民银行的那个广场。沿街和环绕喷水池的台沿也是一种城市小空间，人们坐在上边消磨时光。

在这本书里，怀特描述了一些公共空间如何运转良好，

---

① 公共空间（Public Space）是建成区中对大众开放的地方，许多人可能聚集在那里，至少有些时候这样。公共空间有可能是公共所有的，也有可能是私人所有的。街道和人行道就是一种公共空间，当然，人们并不是常常这样描述街道和人行道；人们也不把国家公园或公共所有的高尔夫球场描述为公共空间。本书所讨论的公共空间大部分是建筑前的广场或公园，它们的确是这个地块的业主贡献出来供公众使用的空间，从严格意义上讲，这些空间的产权依然属于业主。当然，业主所贡献的空间已经得到了相当的回报，让他们增加了大厦许可的建筑面积。——译者

而另一些则让人笑不起来。也就是说，究竟是什么让这些公共空间生机勃勃或死气沉沉。什么在吸引着人们。什么令人们厌恶。有些人不受欢迎，如毒品贩子、流浪汉和嬉皮士，用来赶走他们的空间其实也总是将其他人拒之千里。对比而言，吸引人的空间一般没有什么问题。阳光是重要的。树，水，可以买到小吃，可以有地方坐坐，都很重要。这些都是我们会从这本书了解到的因素，这些因素不应该有什么不可思议，可是，它们常常出人意料。（我们还会学习如何使用摄影机来做研究！）

生态环境保护主义者们为什么应该关注纽约街头巷尾的人们正在做什么呢？30 年前，20 年前，甚至 10 年前，我们可能就在沿着高速公路进城的某个地方与怀特分道扬镳了。那时，如现在一样，生态环境保护主义者们所面临的挑战是保护自然、野生生物和天然环境，开放空间、农田和没有开发的土地。当我们注视城市，我们看到的就是洪水猛兽。必须阻止城市蔓延。但是，城市蔓延的势头有增无减。

现在，我们还是不能阻止城市的蔓延。我们的确已经做了创造性的开发，给日益增长的人口提供了住宅并满足了他们的需要。所以，我们必须把我们保护乡村的努力与我们保护城市的努力配合起来。不难理解，如果人们发现城市不宜居住，他们是会搬出城市的。于是，生态环境保护主义者们所面对的挑战是，既要保护乡村，还要保护城市。这就是为什么“生态环境保护基金”在1975年支持有关街区生态环境保护的第一次全国性大会，从那时起，“生态环境保护基金”就开始致力于城市生态环境的保护工作。这就是为什么我们会对《城市小空间的社会生活》感兴趣。

城市中无处不在的小空间合在一起，对城市生活质量产生重大影响。如果这些空间令人厌恶，人们就有可能躲避城市街道，也许干脆撤出城市——只要他们有能力，他们会搬到郊区和乡村去住，如果他们没有能力那样做，他们也会筑起各色壁垒，把自己保护起来。但是，如果我们了解城市小空间的优越性，如果我们现在就来设计新的城市小空间，改造旧的城市小空间，我们就会让城市的街头巷尾维持生机。我们甚至可以鼓励更多的人使用这些城市小空间，在谈到那些城市小空间时，大家都露出会心的一笑。

董事长，威廉 · K · 赖利

生态环境保护基金

前 言

这是一本约好要写的书。1971 年，我开始展开“街头生活项目”，当时设想我们的研究会在 2 年中完成，然后，我把那些研究成果编写成一本书。1974 年，我告诉了佩奇出版公司这本书的计划。但是，与这项研究相关的专门项目不断出现，所以，“街头生活项目”的研究也就越来越大了。我们一开始对游戏场地展开研究，就产生了一个有关少年活动空间的专门项目；我们对纽约最拥挤的街道展开研究，就引出了对东京做类似研究的要求；室内空间的研究导致了对郊区购物中心的专项比较研究。所以，这本书的内容也随之不断扩大。一年前，我发誓不再做更多的研究了，专心致志地开始写这本书。

我们的大部分研究都是基础性的，也就是说，我现在也不认为这些研究有什么特定的适用范围。最让我们着迷的是城市街头巷尾那些普通人的行为——例如，普通人街头邂逅的礼节习俗，普通人偶然相遇的规律性，普通人街头会晤中一般的相应举止，普通人三阶段再会的节奏。直到这本书写完，我终于认识到，要对本书所涉及的内容再做更深入的挖掘。不过，现在还谈不上。

当然，我们这项研究工作的一部分内容立即派上了用场：一些公共空间运转良好，而另一些则不然，如此这般的原因是什么。我认为，不要裹足不前等待一本尽善尽美的书问世，先把我们的发现摆在桌面上，提出意见，完成这本书，不无意义。我要感谢“生态环境保护基金”和赖利董事长，是他们出版了这本书，我要感谢编辑麦考伊给予的帮助。

为了配合这本书，我编辑完成了一部55分钟的影片，标题和整体结构与本书相同。纽约市政艺术协会赞助了这部影片的发行。我要感谢纽约市政艺术协会的执行官威灵顿和董事长弗里德曼，许多纽约公共空间从视觉和精神上如此美妙的原因之一，是纽约有这样一个市政艺术协会。

一小群年轻的观察者完成了“街头生活项目”的主要工作，他们富有好奇心，他们如此勤奋，他们倾向于挑战我的假定，我要感谢他们。前几年的主要研究者是Marilyn Russell和Nancy Linday，与他们一起展开研究的还有Fred Kent、Ellen Ascher、Margaret Bemiss、Ann Herendeen和Elizabeth Dietel。参与我们专项研究的有Beverly Peyser、Ellen Iseman、Cecilia Rubin和Ann R. Roberts。

我要感谢纽约市规划部城市设计组的拉玛缇和帕利，中心城区规划和开发市长办公室的哈尔彭和奥蒂斯，他们在许多事情上帮助了我。

我要感谢很多组织。这项基础研究是“国家游憩与园林协会”的一个项目，文森特·阿斯特基金、国家地理学会、国家艺术基金会、洛克菲勒兄弟基金、洛克菲勒家族基金、纽约市基金对这个项目提供了资金支持。格雷厄姆美术高级研究基金给这本书的出版提供了补助。纽约州艺术协会、美国生态环境保护协会、卡普兰基金、约瑟夫·E. 西格拉姆父子公司、纽约电话公司和亚瑟·罗斯基金会，都给这个影片项目提供了资金支持。

我要感谢那些支持了我们的好人，对我们的工作有兴趣和有耐心的好人。最后，我要感谢洛克菲勒，他支持了我们的工作，给我们带来了最绝妙的城市小空间。

威廉·H. 怀特，纽约

1980 年 1 月

引 言

这本书是关于城市空间的，为什么有些城市空间很人性化，有些城市空间却不那么人性化，我们可能会有些什么样的实践经验。这本书所得出的结论都是通过直接观察获得的。

1970 年，我建立了一个叫作“街头生活项目”的研究小组，开始观察城市空间。人们早就使用了直接观察去研究遥远地区的人类。但是，还没人对美国城市做多少直接的观察。那时，人们都很关注城市的拥挤问题，但是，有关这个问题的大部分研究都是针对人们认为会发生拥挤的那些地方。最著名的研究是对动物拥挤的研究，或对相关实验条件下学校学生和工作人员的研究——这些研究当然有价值，但是，我们要知道，这些研究毕竟让人觉得是对城市拥挤的一种间接经验。

“街头生活项目”是从观察纽约市的公园、游戏场地和街区里那些非正式的休闲娱乐场地开始的。我们首先注意到的一种现象是，纽约市的许多公园、游戏场地和街区里那些非正式的休闲娱乐场地并不拥挤。确实有些地方拥挤不堪，然而，更多的地方近乎空空荡荡，而非熙熙攘攘，尤其是那些在人口密度[①]排行中名列前茅的街区，常常并不拥挤。显而易见，对儿童而言，空旷的空间本身是没有吸引力的，许多街头巷尾因为空旷而不再吸引儿童在那里玩耍。

人们常常想当然地认为，儿童因为没有玩耍的场所才在街头巷尾嬉戏。实际上，许多孩子在街头巷尾玩耍，恰恰是因为他们喜欢街头巷尾的氛围。我们看到的一个最好的游

---

① 人口密度等于人口或户数与设定面积之比。人口密度有三种表达：区域密度、居住密度和使用密度。

区域密度是人口与区域土地面积之比。区域土地面积通常就是行政辖区的面积，包括建成区和非建成区。区域密度常常用来作为国家人口政策中人口分布的一项指标。

居住密度是人口和居住区面积之比。居住密度可以进一步根据相关地区而再划分为总居住密度和纯居住密度。当然，有关总居住面积和纯居住面积还没有统一的定义；不同国家和城市对此有不同的看法。在英国，纯居住面积仅仅涉及那些由居住开发所覆盖的面积，同时包括花园及包括其中的其他空间，通常还把相邻道路的一半面积计算其中。在美国的一些州，纯居住面积仅仅包括居住地块，而居住区内部的道路、公园和其他公共土地空间不包括在纯居住面积之中。总居住密度的计算从整体上看待居住面积。除开分配给居民使用的土地面积外，总居住密度的计算把非居住空间，如内部道路、公园、学校、社区中心等为地方社区提供服务的空间都一并计算在内。

使用密度涉及到使用者与该建筑单元建筑面积之间的比例。这里所说的建筑可能是任何私人的或公共的建筑空间，如住宅、办公室、剧院等。当然，这里所说的建筑空间通常只是那些封闭的空间。在建筑设计中，使用密度是一个重要指标，以此估算所要求提供的服务。例如，电力需要、空间降温、供暖、消防安全设施的供应等都是以使用密度作为基础来估算的。使用率是使用密度的逆运算（即建筑单元的建筑空间与使用者之比），它通常是可以向使用者提供多少建筑空间的指标。较高的使用率意味着比较多的建筑空间已经为使用者使用了。最小使用率的规定在建筑设计中常常用来保障建筑空间的卫生与健康条件。——译者

戏场所就是东哈林区 101 街的一个地块。这个游戏场所有它自身的问题，不过，这个游戏场所运行正常。101 街本身就是个玩耍的地方。从毗邻的门廊和消防通道就可以看到 101 街，这些门廊和消防通道适合妈妈和老人们使用。101 街还有其他一些因素在运转，如果我们有先见之明的话，一定会给我们自己留些时间，去看看广场。我们虽然不了解广场，但是，广场本身的确包括了一个成功城市场所的全部基本要素。

我们的研究把我们带到了接近纽约市中心的地方，那里的空间使用不平衡甚至更为突出。大部分拥挤的地方都

东哈林区 101 街

可以找到一系列的节点，特别是地铁站。从整体上讲，这些空间都是市中心的一个部分，但是，因为利用这些节点的人数非常多，感觉不好，所以，我们对纽约的感觉也被扭曲了，这种感觉与我们实际感受的空间不成比例。实际上，纽约有许多地方并不拥挤，它们可以稍许缓解拥挤带来的不适感。这种对纽约的扭曲感觉有很强大的滞后效应。[①]

这种对纽约的扭曲感觉也影响到了研究者。我们观察我

① 拉波波特（Rapoport, 1975）对感觉密度做了这样的定义，个人对一个地区的人数、有效空间和布局的感觉和估计。空间特征本身对于密度的感觉是有重要影响的；当然，个人和作为整体的环境之间的相互作用对于产生有关密度的感觉甚至更重要。个人的认识和社会－文化规范也是影响这种相互作用的因素。进一步讲，感觉密度不仅仅涉及个人和空间之间的相对关系，也涉及在这个空间中人与人之间的相对关系。尽管形体的密度相同，但就社会的和感觉的意义不同。为了对这感觉密度的两个不同方面做出区别，于是出现了空间密度和社会密度的概念。空间密度是相对空间因素如高度、间距和对比之间的关系来讲的密度感觉。高空间密度与环境属性有联系，如高度封闭、空间复杂和高活动状态，这些属性倾向于导致环境本身具有较高的信息量。社会密度说明的是人与人之间的相互关系。社会密度包括多种感觉方式、控制相互作用水平的机制，如间距、形体因素、领地边界、层次、参与群体的规模和性质，以及它们行为的相同性质和规则，所有这些属性都会影响到社会相互作用。一般来讲，高空间密度的基本问题是空间太小，而高社会密度的基本问题是一个人要与之交往的人太多。所以，感觉密度是主观的，是建立在个人意识的基础之上的；然而，在不包括任何个人评价或判断的情况下，感觉密度也是中性的。另一方面，拥挤涉及心理压力的状态，与负面的评价密度有关。虽然密度是产生拥挤感觉的必要条件，但并非是产生拥挤感觉的充分条件。有研究提出，当人们关注拥挤时，社会密度的影响要大于空间密度。——译者

们期待观察的，我们一直都习惯在城市中心找到拥挤的空间，所以，这种习惯让我们常常很难发现那些并不拥挤的空间。然而，一旦我们真去找，不拥挤的空间比比皆是。

另外，城市公共空间的数量正在增加。自 1961 年以来，纽约市一直都给提供广场的业主一些奖励。业主每建设 1 平方英尺的广场面积，便可以增加 10 平方英尺的商业建筑空间面积（约 0.9 平方米），新增的建筑面积高于分区规划容积率允许的建筑面积。所以，业主无一例外地开发广场以换取商业建筑面积。每一个新的办公大楼提供一个广场或相当的公共空间：1972 年，纽约市建设了 20 英亩（约 8 公顷）世界上最为昂贵的开放空间。①

我们发现，有些广场，尤其在午餐时候，会吸引很多人。西格莱姆广场就是一个可以帮助我们了解广场奖励观念的地方。建于 1958 年的西格莱姆广场，简朴优雅，并没有刻意规划为一个人性化的广场，但是，它成为了一个人们喜欢逗留

① 在规划实践中，容积率被广泛用来作为一个土地使用分区和开发控制规则的标准指标。容积率是整个总建筑面积与建筑场地之比。总建筑面积通常把建筑外墙内的所有面积计算在内，包括内墙和外墙、楼梯、建筑物的工程设施、电梯、所有的通行空间，等等。场地面积涉及整个开发地块，在大多数情况下，整个开发地块都在规划文件中精确地确定下来。由于建筑面积和场地面积在计算时都是相对清晰的，所以，容积率通常被认为是最精确的密度衡量指标之一。在作为混合土地使用规则的城市总体规划中，常常规定了不同类型土地使用功能的不同容积率。进一步讲，为了控制住建筑规模和防止过度开发，总体规划常常控制着最大容积率。——译者

西格莱姆广场

的广场。天气好的时候，会聚集约150人，他们坐在那里，晒晒太阳，吃吃东西，闲聊唠嗑。人们还很喜欢水街77号，即“浪荡公子广场”，因为年轻人喜欢在那里聚集，于是它也有了名声。

不过，在大部分广场里，我们并没有看到很多人。广场是用来步行的过渡空间。在阳光明媚的日子里，午餐时，人们坐在广场上，平均1 000平方英尺4个人（即每23平方米1个人），这个数字对于高密度的城市中心来讲的确太低了。无论哪里的最紧凑的中心商业区（CBD）都包括了数量令人惊讶的空荡荡的和没有利用起来的开放空间。

西格莱姆广场和水街 77 号可以成为人们喜欢逗留的广场，人们为什么不青睐其他地方呢？那时，纽约这座城市正在拥有更多的公共空间，价值数百万的商业建筑面积正在拱手送给业主，所以，作为回报，纽约市有权要求这些广场更好些。①

我向纽约市规划委员会主任唐纳德·埃利奥特（Donald Elliott）提出过这个问题。实际上，我让他花了一个周末的时间去看一场关于广场使用和不使用的电影。他觉得问题出在

① 怀特认为，1961 年开始实施的奖励分区规划项目，在没有任何评估的情况下持续多年，产生了大量的负面后果。从总体上讲，在规划中，一直没有系统地努力去找出什么在运转和什么没有运转。规划师忙于其他任务，而没有致力于评估、监控和反馈这类活动。所以，他特别倡导把评估作为规划过程的关键要素。——译者

管理过严的分区规划上。如果我们可以找出好的广场运行不错、不好的广场运行不起来的原因，提出具体的指导，我们就可以有形成新的分区规划的基础。我们知道，这类建议会遇到很强大的挑战，所以，极其详尽地记载下公共空间的真实情况，是很重要的。

我们开始工作。首先研究一批典型的空间，16 个广场、3 个小公园和许多街头巷尾。出师不利、钻进了死胡同、陷入泥潭，我们的确有很多这样的经历，研究工作不可能像我这里叙述的那样一帆风顺，当然，我会在这里忽略掉那些插曲。我还要说一句，我们原以为，应该首先把我们认为再明显不过的发现提出来。但是，我们没有这样做。因为相反的判断似乎也不含糊。所以，我们是通过破解一系列假定才最终得到结论的。

这项研究延续了3年。我说这个数字是因为这个数字让人印象深刻。实际上，这只是一个日历上的时间。出于实践的需要，在6个月就要结束时，我们已经完成了基础研究，开始提出我们的意见。纽约市还有其他的问题需要处理，我们发现，传递我们的这些发现所花的时间，要比我们做出这些发现的时间还要长。我们花了很多时间，出入教堂大厅、会议室，放电影，放幻灯，与社区团体、建筑师、规划师、商务人士、开发方和房地产商进行交流。我们继续做研究；我们必须让我们的发现不断更新，以防对手的阻扰。当然，纽约市规划委员会最终把我们的意见并入了一个新的开放空间分区规划的提案里，1975年5月，纽约市的预算委员会采纳了这个“开放空间分区规划”。随后，新的空间设计得到了改善，旧的空间得到了振兴。（因为这个分区规划可能用于其他城市，所以，附录B是这个分区规划的简写本。）

分区规划当然不是实现更好的空间设计的理想方式。[①] 公

① 分区规划（zone）的美国版本是，从法律上规定所划分出来地块的土地使用功能和开发强度。也就是说，在一个地块的地形图上，划出若干个区，给每个区的使用功能编制一个分区规划规范。使用容积率和体量控制，包括退红和高度限制，控制开发强度。我们国家当前使用的《中华人民共和国城乡规划法》（2008）删除了旧版《中华人民共和国城市规划法》（1989）的“分区规划”概念，仅仅使用“控制性详细规划”概念，而“城市的控制性详细规划”的内容与美国、澳大利亚等国的分区规划内容相似。——译者

共空间的设计应该因地制宜。单就经济而言，因地制宜确有意义。我们投入巨大的人力物力，在办公大厦的底层建设起许多劣质的广场，目的何在？正如本书将要详细展开的那样，建设一个人性化的空间，而不是建设一个非人性化的空间，其实并不难，人性化的空间可以让城市生活大不一样。

第一章　广场生活

我们是从研究人们如何使用广场开始的。那时，我们架起了若干个延时摄影机，俯瞰广场，录下广场的常规模式。我们询问人们，从哪里来，到哪里去工作，他们使用这个地方的频率有多高，他们觉得这个广场怎样。当然，大部分时间里，我们是在观察人，了解他们在广场里的所作所为。

我们发现，使用广场的大部分人是在附近大楼里工作的年轻人。来自这个广场所在大楼里的人相对少一些；正如一些办公室的秘书们向我们透露的那样，他们不过是为了尽快与老板保持一个距离。当然，他们来回走动的距离一般不会

佩利公园

太大；对于大部分广场来讲，有效的使用半径大约为 3 个地块。纽约的佩利公园和格里纳克公园这样的小公园，通常全天都有人光顾——高收入的老人，远处来的人。当然，从附近办公室来的人还是在数量上占多数。

这个不复杂的社会成分凸显了良好城市公共空间的一个基本点：供应产生需求。好的新公共空间会生产出新的使用者。好的新公共空间推动人们产生新的生活习惯——露天午餐——给人们创造一个新的上下班途径和驻足的地方。好的

西格莱姆广场里实用的雕塑

新公共空间产生这类结果的速度非常快。不久以前，芝加哥环线上还没有这类公共空间，现在，第一国民银行广场已经彻底改变了成千上万人中午的生活方式。毫不夸张地讲，这类成功需要公共空间；这件事本身显示出，我们还没有开发出来的城市生活潜力有多么巨大。

可以展开社会交往的广场利用得最好，比起那些我们发现使用得不那么好的广场，在这类使用得比较好的广场里，成双成对的人会多一些，成群结队的人会多一些，相约在这里会面或互致问候的人也会多一些。在纽约市，5 个最大程度使用的广场里，45% 的人是成群的；而在 5 个使用程度不那么大的广场里，32% 的人是成群的。以群体形式出现在广场里的人数比例，是一种选择性指数。当人们成群结队地去一个地方，基本上是他们已经决定一起去的。这些社交场所不太适合单独的人，当然，就绝对数而言，这类可以展开社会交往的场所吸引的单独的个人，还是会比使用程度不那么大的广场吸引的单独的个人要多。如果我们一个人独处，最好的去处可能是一个热热闹闹的地方。

在最大程度使用的公共空间里，女性人数一般高于平均比例。一个广场的男女比例基本反映了劳动力构成，不同地方的劳动力构成是不同的——纽约的中心城区，男女比例大体为 6∶4。女人对她们选择坐在哪里，要比男人挑剔一些，女性对烦恼的事更敏感些，女性会花更多的时间掂量多种可能性。如果一个广场里女性的人数明显低于平均数，那么，这个广场可能出了什么问题。如果一个广场里女性的人数明显高于平均数，那么，这可能是个不错的广场，如此之多的女性选择了它。

广场的生活节奏大体不会因为地方不同有多么大的差别。早上几个小时，广场里的人比较稀疏。卖热狗的把车停在广场的一角，散步的老年人驻足稍事休息，一个做快递的，一个皮鞋擦得锃亮的男人，一些游客，可能有一个怪人，如拿着购物袋翻垃圾箱的女人。如果附近有建筑工地的话，早上11点以后，头戴安全帽的人就会出现了。至此，街头开始热闹起来。中午时分，大量客人开始到达。很快，广场的活跃程度达到峰值，并一直保持到下午2点。中午时分至下午2点的这段时间里，集中了广场全天使用率的80%。3点过后一段时间以及下午接近尾声那段时间，广场会再次断断续续地热闹一阵。如果那里有一个特殊事件发生，如爵士乐表演，回家的人流会分流，有些人会在那里逗留到傍晚6点或6点半。当然，一般来讲，傍晚6点，广场会安静下来，这种安静一直会持续到第二天早上。

按照季节和气候的不同，在达到峰值的几个小时里，广场人数有很大变化。但是，人群在广场里的分布总是非常一致的，广场的有些部分总是人头攒动，而另外一些部分人就要少很多。我们在观察中发现，给每一个人在广场里定位并不困难，人群分布模式很规律，所以，我们只需要计算广场中一个部分的人数，乘上一个给定因子，就可以得到广场的人数百分比或整体人数。

在广场人数非峰值期间，我们可以得到人们好恶选择的最佳线索。广场里人满为患，随便找个地方坐下就行了。当然，这个位置未必就是这个人最想坐的地方。当大批人走开，选择在哪里坐坐就很重要了。广场中有些地方会变得很冷清；而另一些位置上总有人逗留。在西格莱姆广场，大树下那些靠后的台沿，比较适合人们坐坐，所以，那里总有人，而其他台沿却是空着的；适合人们坐坐的地方看似不挤，但是，从累计数来看，适合人们坐坐的地方是西格莱姆广场利用最好的部分。

男人表现出一种倾向，喜欢坐在前排，如果有大门，男人会是卫士。女人则青睐稍微僻静一点的位置。如果街边有一个长条凳，长条凳很宽，里外两边都可以坐人，多数女人会坐在里边，而男人们则会坐在外边。

最显眼的前排男人是一些“女孩注视者”。他们注视着女孩，却表现出并不真的在意那些女孩，甚至也不介意他们注视的女孩们的举止。那些“女孩注视者”一般都会三五成排地聚在一起。如果他们是建筑工人，情绪会非常外露，吹口哨瞎起哄、大笑、直接打招呼。这种情形同样出现在纽约的金融区。在曼哈顿市中心，“女孩注视者”比较收敛，玩起

这种游戏更沉稳些，他们不是大笑，而是窃笑、皮笑肉不笑，仿佛并没有对这些女孩评头论足似的。当然，无论是居住区还是商业区，这种注视女孩子的游戏都显示出一种男性本色。我们从未看到过任何一个“女孩注视者”真会靠这种方式去认识或试图结识一个女孩。

其他人也一样。广场并非结识交友的理想场所，甚至在那些最具社交性的广场上，也没有太多的交友活动发生。当陌生人相遇，最亲近的交流无非是社会学家戈夫曼（Erving Goffman）所说的那种，有礼貌的不经意。假如有两个漂亮的金发女郎坐在广场的台阶上，附近的男人们通常会做出一副不经意的样子。当然，仔细观察，我们会发现，附近的男人们会悄悄瞥金发女郎几眼，下意识地捋捋头发，拽拽耳朵。

广场上总可以看到情侣。但是，并没有出现在我们预料中的地方。我们开始采访那会儿，人们告诉我们，会在背面的地方看到情侣们（还有烟民们）。然而，事情常常并非如此。情侣们会出现在大庭广众下。我们的影片上记录下来的最热烈的拥抱，都发生在众目睽睽之处，这些情侣总是旁若无人。

有些地方可能成了不同小圈子的聚会点。有一段时间，大通广场的南墙是一群摄影爱好者的聚会点，这些家伙喜欢买新式镜头，聚在一起谈论。这种聚会点可能持续不了一季——或持续不了几年。前些时候，一个地方变成了放荡青年的聚会场所；虽然人员换了一批又一批，但是，那里至今仍然是放荡青年的聚会场所。

自己挤自己

最吸引人的恰恰就是其他的人。我反反复复地念叨这个观点，是因为许多城市空间的设计正好遵循了相反的观点，人们最喜欢的是离人远点的地方，煞有介事，好像事情真是那样。人们确实常常这么说，这就是为什么他们对问卷的回答会对调查者产生如此之大的误导。有多少人会说他们喜欢坐在人群中？相反，他们会说，坐到离人群远点的地方，他们使用类似“躲开”“绿洲”“后撤”之类的词汇。但是，人们的所为显示出了恰恰相反的选择。

FEDERAL SAVINGS

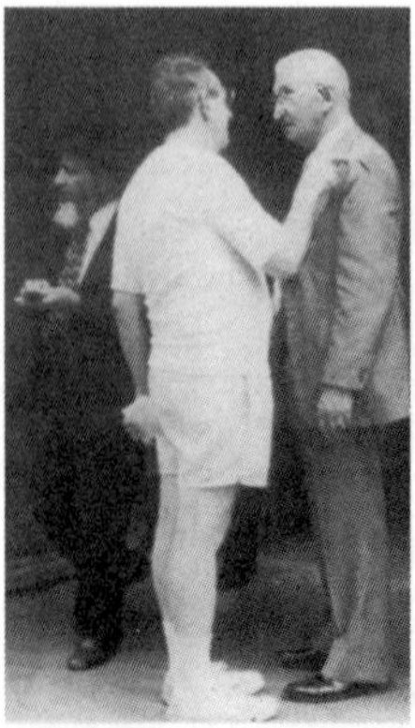

这是我们在做街头交谈研究时出现的第一个问题。我们想知道，当人们停下脚步交谈时，他们离开主要步行人流有多远？我们特别有兴趣弄清，人们会使用多少通常不使用的紧靠建筑物的缓冲区作为他们交谈的位置。于是，我们安装了几台延时摄影机，俯瞰若干关键的街头巷尾，绘制交谈1分钟以上的空间位置。

当人们“边走边谈”时，他们没有走出步行人流。他们留在人流中或走进人流，大量的谈话恰恰发生在人流中心，使用房地产术语讲，大量的谈话发生在100%的人流中。两个人“边走边谈”，交替变更谈话角色，也同样发生在人流中。不能否认这类交谈地点的确存在许多明显的变动，但是，如果绘制这类交谈的轨迹，我们会发现，这类交谈通常也集中在100%的人流中。

我们一直都不能确定为什么人们的行为是这样的。交谈应该起于主要人流中，这一点是可以理解的。交谈容易发生在步行之中；大部分人都会出现在步行的人流中，所以，彼此相会或告别的可能性最高。不太好解释的是，人们为什么倾向于留在人流里，妨碍别人行走，导致拥挤。这种现象似乎不是一个惯性问题，而是一个选择问题，直觉的选择，当然，直觉的选择并不意味着是一种非理性的选择。在人群中间，我们有最大的选择，如同我们在酒会中一样，可以中断，可以继续，边走边谈已经出现得越来越多了。

人们还会坐在人群中。在西格莱姆广场，主要的步行路径在建筑入口到台阶的对角线上。这些路径是自然的交叉点和交换点，通常会有许多活动发生在那里。它们也是人们喜欢坐的地方，会在那里吃东西。有时因为人太多，步行者必须小心翼翼地越过那些台阶。步行者很少抱怨这种情况。有些人会绕道，但是，大部分人会穿过广场。

驻足模式相类似。当人们在广场里停下来交谈时，他们通常就站在移动的人流中。他们还显示有靠近某种物体的倾向，如旗杆或雕塑。他们喜欢那些边界清晰的场所，如台阶或喷水池的边沿。他们很少选择驻足一个空旷的大空间。

不乏各种各样的解释。人们用某种原始本能来描述这类选择的基础：我们的面前一览无余，但是，我们的后背是封闭的。当然，这种原始本能不能解释，人们为什么成排地站在马路边。一般来讲，他们面朝内，对着人行道，把自己的后背暴露在大街的危险之中。

脚步运动也是一致的。这种脚步运动似乎是一种无声的语言。一群跳街舞的人，谁也没有说任何话。人们在一种温和的宁静氛围中站着，审视着场面。然后，这群人里有一个人慢慢地、有节奏地摇晃起来：先是脚底，然后是脚跟。他停下来。另一个人开始相同的脚步运动。有时，还会彼此呈对应姿势。一个人向右转一半。然后，在一个节奏间隔中，

波士顿 5 分钱结余银行门前新的小公园，它已经成了波士顿旧城最让人喜爱的聚会场所

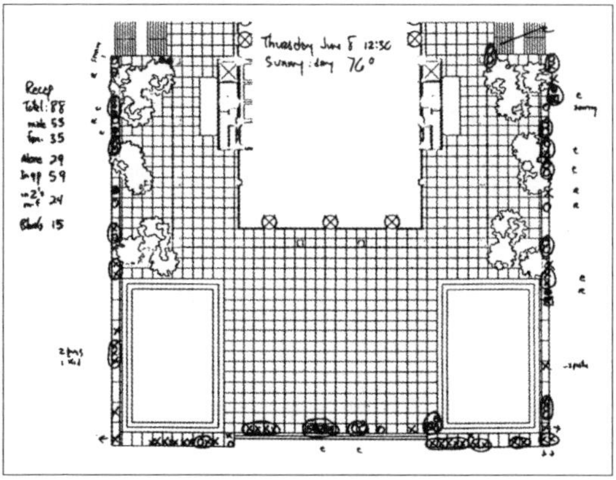

这是一个典型的示意图。我们发现，大约 5 分钟，或比点人头稍多一点时间，就可以给每一个坐在那里的人定位，无论他们是男人（X）、女人（O），一个人，还是与别人在一起

另一个人向左转一半。似乎有某种交流发生，当然，我始终没有解开这个密码。

无论人的移动可能意味着什么，广场上的最大景象之一就是人的移动。我们没有在建筑照片上看到人的运动，建筑照片一般是不包括生命的，很少有人分享他们拍照片的角度。建筑照片是一种很具有误导性的东西。在人的平行视线水平上，具有运动和色彩的景色鲜活起来——有人大步流星，有人步履蹒跚，有人三步并作两步走过台阶，人们在广场里穿梭，交织出一种穿行的模式，还有人跟着人群走，或快或慢，随遇而安。广场里有一种令人回眸的美，只有广场的使用者自己懂得广场的意义。在公众把他们自己安排在台阶上和水池边沿的方式中，我们也看到了这种美。他们常常很优雅地做这些安排，他们也一定感觉到了这种优雅。西格莱姆广场的色调是灰棕色的，特别是在下雨时，广场里点缀一把或两把雨伞，就像柯罗画上的那些红点，让西格莱姆广场的景色更美了。

这种模式在多大程度上是纽约特有的？我们当时设想，其他城市的人的行为可能会有点不同，随后的比较证明，我们的假设是正确的。关键变量是城市规模。正像我会较详细讨论的那样，在比较小的城市，人口密度一般会低一些，步行者以比较缓慢的步伐运动，交通拥堵地区的社会活动特征要少些。除此之外，步行模式的其他方面相似。

其他国家的观察者也提到过这种自己挤自己的倾向。在研究哥本哈根的步行者时，建筑师盖尔所绘制的簇团模式几乎与纽约的模式一致。马修·乔维克（Matthew Ciolek）对澳大利亚的购物中心做了研究，结论相似。乔维克提出："与一般的预期相悖，我们发现大多数人选择的社会交往地点就在或非常靠近交通线与广场交叉的地方。相对的，很少有人把他们的聚会地点放到用来通行的空间之外。"

在世界最大的城市里，我们找到了最大的相似性。在这些世界最大的城市里，人们的行为更像其他国家与之对等城市人们的行为，倒是不太像自己国家小城市里人们的行为。就这一点而言，大城市的人走路都快些，他们会自己挤自己。在我们完成纽约研究后，我们对东京做了一个简单的比较研究，我们发现，在百货大楼的进出通道，繁忙的街头巷尾等地方，人们驻足交谈的倾向与纽约别无二致。对于所有的大城市而言，虽然有文化上的差异，但是，公园和广场的布局模式非常相似。米兰广场跳街舞的人群，其行为模式类似于纽约服装中心跳街舞的人群。最谨慎的结论是：假定城市中心的基本要素给定，如步行人数很多，各种活动集中且混合，那么，一个地方的人的行为一般会与另一个地方的人的行为非常相似。

第二章　坐凳空间

纽约人对广场的使用非常一致。许多人会日复一日地坐在某些广场里，很少去其他广场。从表面上看，不应该有这种区分。我们研究的大部分广场大体相同。除了个别例外，如那些地处主要大道旁的广场，通常占据一个地块的前部。它们紧靠公交汽车站和地铁站，广场旁的人行道上，步行人数很多。我们曾经计算过广场使用高峰期的人数，按照这个指标给广场排序，从水街 77 号的 160 人，到公园大道 280 号的 17 个人，广场使用人数差别很大（见表图 1）。

圣彼得教堂门外的石阶，花旗银行大楼的一部分，已经成了列克星敦大道上最受人欢迎的歇脚地

另一个受人青睐的地方是，洛克菲勒中心门前简易的圆凳

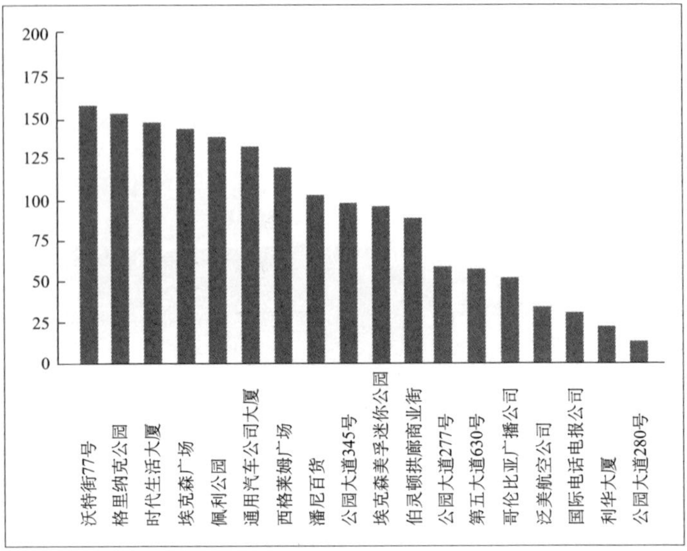

表图 1　广场使用，天气良好，中午 12:30—1:30，坐在广场里的平均人数

为什么广场使用人数的差别如此之大呢？我们研究的第一个因素是阳光。我们当时认为，阳光可能相当关键，最初的摄影研究似乎证明了这一点。但是，随后的研究并没有证明这一点。回头我会谈到这些研究，现在只是说，这类研究揭示出，阳光的确很重要，但是，阳光无法对广场声誉上的差别做出解释。

美学原理也无法对广场的声誉差别做出解释。我们一直想我们没有办法计算这些因素，当然，还是希望我们的研究可以说明，最成功的广场一定会在视觉上就让人产生最大的愉悦感。西格莱姆广场似乎真是这样。但是，事实证明有矛盾。成功的不仅仅有优美的西格莱姆广场，水街 77 号也同样成功，但是，一些建筑师认为水街 77 号俗不可耐。于是，我们发现，一个建筑的优美设计和高尚品位似乎与它周边广场的使用率高低没有多大关系。

设计师关注整幢建筑，垂直面、水平面和边角等。到广场里坐坐的人们可能对此并不了解。他们可能更倾向于从其他角度看：不是从其他建筑上边往下看，而是在视线的水平面上看。可以这样讲，从视线的水平面上所看到的空间不是设计师眼睛里看到的空间，也不是设计师处理的空间。围绕

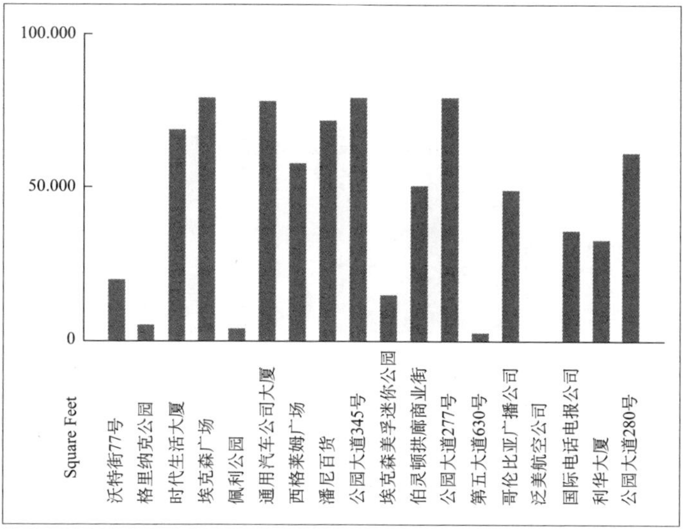

表图 2　开放空间数量，量纲：平方英尺

西格莱姆大厦的是一个城市场所，这个场所包括了街对面的麦金、米德和怀特网球俱乐部。我个人的感觉是，广场围合起来的感觉对乐于使用西格莱姆广场影响很大。不过，我无法用数字来证明这一点。

我们考虑的另外一个因素是广场的形状。城市设计师认为，形状极其重要，期待我们的发现可以支撑一个具有严格比例和位置的标准。城市设计师急于排除“带状广场”——一种比人行道宽不了多少的狭长空间，没有这种狭长广场时，那地方还有点人气，一旦这种狭长广场建成，反而没有人气

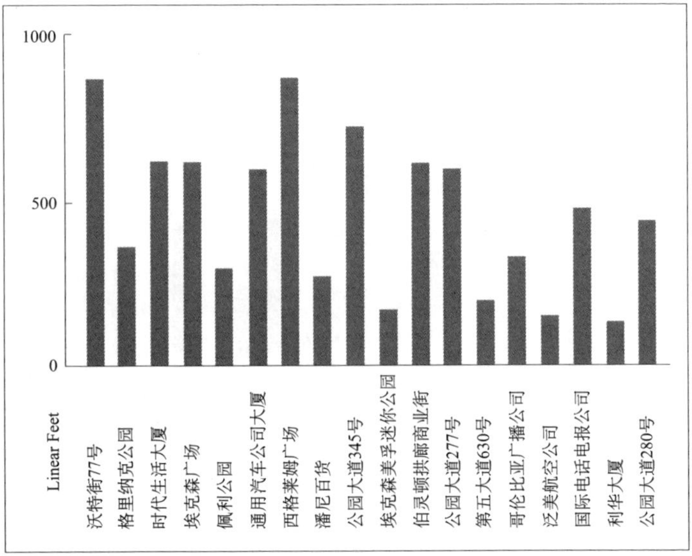

表图 3　可以坐坐的空间数量，量纲：英尺

了。城市设计师认为，不应该给开发这类带状广场的业主任何形式的奖励，城市设计师的最终目标是，改造广场长度超过广场宽度 3 倍的那些广场。

我们的研究资料并不支持这种设计标准。我们发现，大部分带状广场的确在大部分时间里人迹罕见。但是，问题真是出在广场的形状上吗？有些四四方方的广场同样也无人光顾，若干个人声鼎沸的公共空间实际上却是狭长的带状空间。纽约 5 个最受欢迎的歇脚地之一，基本上就是建筑物的缩进部分，狭长而且很窄。我们的研究不是证明广场形状不重要，或者说，我们的研究没有证明设计师的直觉一定就被误导了；但是，如同阳光一样，我们的研究证明，还有其他更重要的因素存在。

如果关键因素不是形状，那么，空间的“数量”是一个关键因素吗？有些自然环境保护主义者确信，空间“数量”是一个关键因素。在他们看来，人们寻找开放空间，想从通常限制他们的拥挤中释放一下，因此，最能吸引人的是那些能够提供最大光照和空间感觉的地方。如果我们按照空间数量来给广场排序的话，广场的规模和使用广场的人数之间肯定具有正相关性。

我们还是没有发现广场的规模和使用广场的人数之间清晰的关系。正如我们可以在表图 2 上看到的那样，若干比较小的空间有很多人，有些比较大的空间也有很多人，而另外一些比较大的空间却只有很少的人。巨大的空间并不吸引人。在一些情况下，巨大的空间会产生相反的效果。

“可以坐坐”的空间数量是一个关键因素吗？我们开始接近正确的答案。正如表图 3 所显示的那样，最受欢迎的广场一般有大量可以坐坐的空间，而那些不那么受欢迎的广场，一般可以坐坐的空间要相对少些。这种关系是粗略的。有一个理由，可以坐坐的空间数量并不包括任何定性的因素：1 英尺宽的水泥台阶与 1 英尺宽的舒适的长凳相等。我们以点为基础衡量这类数字，多少点等于 1 英尺有靠背和扶手的长凳，等等。这会产生一个比较一致的表图。但是，我们放弃了这个想法，操纵性太强。一旦开始，就别指望会得出什么结果来。

不存在必然性。无论检验多少个变量，有一个想法始终萦绕着我们。我们最终发现，这个想法是一个关键因素：

人们往往最会去那些可以坐坐的地方。

你要是一个很有学问的人，可能对此不以为然。还是回到我们的研究上来吧，我有些奇怪，为什么没有在研究一开始就注意到这个现象呢？注意，坐凳空间不过是许多变量中的一个，没有一个可以度量的控制状态，我们不能确认事物之间的因果关系。不过，坐凳空间肯定是一个必要条件。如果没有地方可以坐坐，纵然不乏最有吸引力的喷水池，最耀眼的设计，也不能诱惑人们去那里。

完整的坐凳

从理论上讲，坐凳应该达到生理舒适，有靠背的长凳，外形独特的椅子。但是，更重要的是，坐凳应该是社会舒适的。这就意味着做出选择：坐在前面，坐在背面，坐在边边上，坐在阳光里，坐在阴影下，成群地坐在一起，独自坐会儿。

在基本设计中，应该包括选择。即使我们可以增加长凳和椅子，最好的做法还是最大化固定设施的可坐性。也就是说，建造各种各样可以坐的台沿，或者让其他平面具有桌面或椅子的双重功能。这种机会信手可得。因为大部分建筑场地的高程是不同的，所以，总是存在若干高程的平面。利用高程差其实不麻烦，反倒是不利用高程差会更麻烦些。

创造一个煞风景的地方并不简单。台沿必须做得很高又笨重、装上扶手、做出斜面。实际上，我们不去做这类工程，可以省很多钱，而且开放空间比较顺其自然。

这是西格莱姆广场的经验之一。菲利普 · 约翰逊（Philip Johnson）说，密斯 · 凡 · 德 · 罗（Mies van der Rohe）看到人们坐在台沿上，十分惊讶。他从未想到人们会坐在台沿上。当然，建筑师们一直都看重简洁性。所以，西格莱姆广场没有装饰过分的扶手，没有灌木丛，没有无故改变高程，没有

大部分台沿本身是可以坐的，但是，别出心裁和增加开支的话，结果可能适得其反

干扰空间的装饰。台阶做得简单而宜人。西格莱姆广场没有一条长凳，却到处都可以坐下。广场边缘包括了600英尺长的台沿和台阶空间，它们都非常适合坐坐、吃东西和晒晒太阳。人们使用了这个广场的每一个角落。[①]

所以，台沿应该是可以坐的。应该怎样界定可以坐的台沿呢？如果我们打算让台沿这个概念出现在“纽约市分区规划修正案”的条款里，我们必须确切地指定台沿的高矮应该是多少，宽度应该是多少，因为这个修正案是要听证的，我们必须准备具体的数据。

当时，反对这个公共空间分区规划的意见以我们始料未及的方式出现了。提出这个反对意见的基础是，这个分区规划太特殊了。反对意见不是来自建筑商，而是来自地方规划委员会的成员。这个规划委员会不是要求我们提出进一步的专门细节，而是认为这个分区规划应该仅仅涉及规划委员会的指导方向，例如，原则上提出让公共空间可以坐坐，仅此而已，剩下的具体问题留给设计师去做。

让我暂缓一下讨论这个意见。在一个涉及分区规划的会议上，一个人站起来，说“让我们铲除这些繁文缛节，只留

① 密斯·凡·德·罗（1886—1969）是一位与柯布西耶和赖特齐名的现代建筑大师，这里提到的西格莱姆大厦就是密斯的杰作之一。密斯强调建筑设计上的极端清晰和简洁，“简单就是美”或“少即是多”“细节为王”，都是他的名言，而这个广场的设计恰恰体现了密斯的这种建筑思想。——译者

像华盛顿特区自由广场这类地方，既有很好的坐凳高度，也有很不好的坐凳高度

下基本原则”，每个人都会叫好，尤其对普通人来讲，这个提议很有说服力。按照那种官僚机构挑剔的和法律的官样文章去编制分区规划。

但是，泛泛而谈是很糟糕的。大部分给予优惠的分区规划法令都是非常非常具体的，开发方拿到手的奖励更是再具体不过。我们面临的麻烦是，一个分区规划法令是含糊其辞的，开发方所拿出来的成果也会是模棱两可的，开发方没有履行这个空泛的分区规划法令，将会发生的事情自然也无从界定。正如许多城市已经经历过的那样，空泛的规定是无法执行的。没有十分清晰描述的事情，当然也得不到结果。

没有规划指南并不意味着给了建筑商和建筑师多么大的自由。指南可以对政府与业主之间的约定做进一步的充实。这就是为什么在 1961 年分区规划下，纽约没建成几个好的广场。没有任何法律，同样也没有任何一个规划指南，会阻挠建筑商去建设一个比较好的广场。大部分建筑商是不会跨出分区规划法令半步，去多做一件事的。许多人倒是寻求特批，免除现行法规规定建设的公用设施。当然，获得这类特许很费时间，所以，建筑商和建筑师总是设法创新，以此去挑战城市管理机构，这类创新可能受到处罚，同样也有可能受到奖励。

坐凳的高度

我们当时期待建立的一个指标就是坐凳的高度。大约 17 英寸（约 0.43 米）可能接近最优，这一点似乎很明显。但是，一个平面在多高或多低的时候依然具有可以坐坐的品质呢？由于场地存在坡度，若干个最受欢迎的台沿，提供了一个连续变化的高度范围。例如，西格莱姆广场的前台沿，从转角开始，高度为 7 英寸（约 0.17 米），而在另一端，高度上升到 44 英寸（约 1.11 米）。我们当时以为，这是一个很好的机会，做一个明确的研究。通过反复观察，我们可以记录下多少人坐在这个范围内的哪些高度上；当累积的记录完成，人们的选择就会一目了然了。

结果并非如此。在一定时间里，人们可能抱团坐在某段台沿上，而坐在其他部分上的人屈指可数。但是，相关性并没有延续多长时间。当我们把几个月的观察都收集到一起时，我们发现，人们实际上是以明显均衡的模式把自己分布在所有高度的台沿上。我们必须做出这样的结论，人们会在 1 英尺（约 0.3 米）到 3 英尺（约 0.9 米）之间的任何一个台沿高度上坐下，这就是新分区规划上特别规定的坐凳高度范围。人们的确会坐在比较高或比较低的地方，但是，可以肯定，这取决于具体条件。

当台沿的宽度达到两边臀部都可以坐下的时候，选择就大多了，更多的人可以在不觉得拥挤的情况下坐在这些台沿上

另外一个问题更重要：人的臀部。建筑师似乎忽视了这个问题。我们几乎没有发现一个台沿或长凳达到两边都可以坐下去的宽度；有些台沿或长凳的宽度甚至还不够一个人坐下。最令人沮丧的是，台沿的宽度让人觉得足够两边坐人了，实际上，台沿的宽度并不够让人坐得舒服。观察这样的地方，我们会看到人们做各式各样令人尴尬的调整。通用汽车公司广场上的凳子就是一个例子。那些凳子的宽度为 24 英寸（约 0.6 米），通常一边坐人。但是，到了周日，大量游客和其他

除非天气非常好，否则，纽约公共图书馆的台阶不会都用上。这些台阶可以成为纽约最大的集会场所之一

西格莱姆广场的台阶使用率不错，尤其是角落部分，角落的步行人流最大

人会从两边坐这些长凳。并不舒适：他们必须坐在凳子的前边，还要把腰挺直，这种僵硬的举止显示出他们之间一种互不惊扰的默契。

我们的另一个有些让人吃惊的发现是，台沿和空间达到两个臀部的宽度时，可以让更多的人坐得舒适一些，而少于这个宽度则不然。30 英寸（约 0.76 米）可以，36 英寸（约 0.91 米）更好些。纽约的这个开放空间分区规划提供了一个好的奖励。如果台沿或长凳的宽度达到 30 英寸（约 0.76 米），两边可以同时坐人，建筑商可以得到两倍板凳英尺长度的奖励积分。[30 英寸（约 0.76 米）完全是经验的；我们从公园大道 277 号的一个台沿宽度上得到了这个宽度，这个台沿两边都可以坐人。]

建筑商给坐凳增加几英寸的宽度，就能让整个坐凳的空间翻倍。这并不意味着，使用这个空间的人也会翻倍。人数未必加倍。但是，人数翻倍并不重要。额外空间的真正收益是社会舒适——群体和个人有更多的空间可以利用，更多的选择和更大的选择感。

出于相同的理由，台阶也是一种坐凳空间。这类空间提供了无限多种聚会的可能，每个台阶座位都可以很好地欣赏这个大街剧场。新的公共空间分区规定并没有把台阶认定为坐凳空间。人们觉得，这样会让建筑商太容易得到奖励了，让一些广场全都变成台阶，而没有其他的公共设施。当然，台阶原理可以用到台沿上，让台沿得到更好的效果。

拐角台阶很实用。我们注意到，人们常常扎堆坐在台阶远远的一端，特别在当相邻的台沿角度适当时，人们更喜欢在那里扎堆。那里适合于人们面对面坐着。人群倾向于坐在这类地方。

人们可能想到一种冲突，因为台阶拐角处也是步行人流最大的位置。大部分人会走捷径，广场步行人流通常发生在建筑入口和台阶拐角之间的对角线上。我们在西格莱姆广场看到了这种情形。如前所述，进出建筑的主要人流直接与台阶的拐角部分相切，我们的确发现，那里最大程度地集中了席地而坐的人、晒太阳的人和吃东西的人。虽然那里喧嚣纷乱，但是，坐在那里的人们似乎没觉得有什么不舒服。步行的人们似乎也不在意，小心翼翼地通过那里，而不是绕过那里。

我们在其他地方也发现了类似的模式。所有的事情都是相同的，我们可以计算，哪些地方步行人流与坐凳相切，人们最有可能在这种地方席地而坐。席地而坐的人并不介意步行人流。他们是自己选择这样做的。如果真有某种拥堵，那也是温情的拥堵，是对这个地方的一种证明。

总而言之，通行和坐凳不是对立的，而是相辅相成的。所以，这个分区规划规定，广场既不要高于也不要低于街道高程 3 英尺（约 0.91 米）。街道和广场之间的步行人流越容易流动，人们越有可能在二者之间移动，越有可能在广场里逗留和席地而坐。

对残疾人士来讲，也是这样。如果在规划时考虑到残疾人士的流动和共用设施，那么，这个地方的功能对谁都有效。喝水水池的高度满足了轮椅使用者，同样也满足了儿童。由便利残疾人士的坡道、扶手和台阶间距构成的步行道路同样对所有人都比较容易。这个新的分区规划对这类设施实行强制，具体规定，沿主要通道的所有台阶的宽度至少 11 英寸（约 0.27 米），每级台阶的高度不超过 7.5 英寸（约 0.19 米），沿台阶修建坡道。为了残疾人的利益，这个分区规划还要求，至少 5% 的坐凳空间有靠背。应该注意，这些规定不是用来隔离残疾人的。没有任何设施是用来分割人群的，设计目标无非是考虑让每一个人可以使用一个地方的所有设施。

长 凳

长凳现在成了点缀建筑照片的景物。长凳坐起来不那么舒适。长凳也太少了些；长凳太小；长凳常常与其他的长凳相隔甚远，孤零零地待在那儿，或者独立于广场上发生的无论什么活动。还有更糟糕的，建筑师们常常在各种各样的广场里重复使用相同的长凳模块，他们不了解，这种长凳首先就不是很好。例如，洛克菲勒中心的哈里森和阿布拉莫维茨广场在许多方面都是很优秀的，岂不知那里使用的基本长凳尺寸，长 7.5 英尺（约 2.28 米），宽 19 英寸（约 0.48 米），有点不适当。较大的矩形在比例上会得当些，功效自然要好得多，那里的一些实用长凳证明了我们的这个看法。

设计更好的长凳会有技术上的障碍，但是，克服这类技术障碍并非不可能。尺寸大点最容易实现。靠背和扶手都是经过检验的装置。老式的公园长凳都是有靠背和扶手的，所以，它们至今依然是最好的；保留靠背和扶手的新款式公园长凳设计及其公园设备制造商都很不错。建筑师们一直都与椅子打交道；出于某种原因，他们似乎对长凳情有独钟。

建筑师们只关注长凳设计的实际绩效是一件再糟糕不过的事。事实证明他们的一些布局设想不正确，如人们想要避开喧嚣，但是，等他们觉悟时，已经什么都做不了了。好几个步行购物广场都有坐凳空间布置不当的问题，在购物广场开发前，所有的设计竞争都做过了。有些设置了坐凳的地方无人问津，于是，人们从长凳设计上去找原因，或者说，去了解长凳设计存在的问题，就很不容易了。

为什么不做布局实验呢？台沿和台阶试验起来比较困难，但是，试验长凳和椅子在广场上的布局位置很容易。拿硬木长凳就可以做些简单的现场调查，找出这类长凳放在广场的哪些位置上和以什么成组方式安排最好。人们会很快让我们

第三大道 747 号外的长凳，它们被安排在人行道中间，使用率很高

旧金山机械广场里的长凳，面对市场街里的活动

知道。我们发现，到了第二天，基本使用模式就可以确定下来了，除非广场布局变更，否则，长凳放在广场的位置不会有多么大的变化。这类现场调查会让我们清晰地了解到，在哪些方向上应该做出改变。

如果有人去看看，情况会大不一样。评估还是一个空白。我们很少留意一个公共空间规划，实际上，这类规划甚至有可能纵容了非常不好的公共空间设计：这就要求我们做实验和检验，需要在施工后做评估，看看哪些设计运行良好，哪些设计运行不好。现存的公共空间命运相似。几乎没有哪个公共空间是不可救药的，关键是我们很少去评估它们，很少去改善它们。

椅 子

现在，有一种妙不可言的发明，就是可以在公共空间里四处移动的椅子。那种椅子有靠背，很舒适；当它有扶手时更舒适。当然，这份公共资产是可以移动的。可以移动的椅子扩大了选择：可以挪到阳光下，也可以从阳光下挪出来，可以成群结队地坐在一起，也可以独处。选择的可能性与实际做出选择一样重要。当我们想移动椅子，知道我们确实可以移动椅子时，我们会觉得，在这待会儿一定很舒适。也许这就是人们坐下之前，为什么常常把椅子从它原先待着的地

几乎没有人去选择被迫接受的选择

方挪动几英寸。当然，这种移动是有作用的。移动椅子彰显了自主，表示满意。

对椅子做一点点挪动等于对其他人说了点什么。如果一个人刚来，选择把椅子挪到与一对或一大群人相邻的位置上，那么，这个刚来的人可能做了一些复杂的变动。这个刚来的人可能并没有把椅子移动多远，但是，他传递了一个信息。对不起，打扰了，别的地方没有椅子，我会尊重你们的私密性，你们也会尊重我的私密性。相互谦让可能紧随其后。在公共场合看到这类情景本身，就是良好公共场所给人带来的一种愉悦。

一个一个固定的座位不好。这样安排座位是一种设计幻想。给它们涂上颜色，艺术地组合起来，的确可以制成精细的装饰元素：金属的情侣椅子、旋转的凳子、石块、可以坐的树桩。但是，它们都是零碎的，孤零零地固定在那里。这就是它们的问题所在。社会距离是一个微妙的衡量指标，不断变化，固定椅子间的距离则不会变，这就是为什么固定椅子间的距离很少适合于任何人。情侣椅可能对情侣还行，但是，它们对初次见面的有些近，而对于陌生人就太近了。孤僻的人常常坐一把椅子，把脚搁在另一把椅子上，不想让其他人来坐。

因为过大的空间环绕着这些固定的椅子，所以，开放空间里的这些固定的椅子很难使用。在剧场里，素不相识的人

无论椅子之间的距离是 6 英寸或 8 英寸，人们移动一下椅子的冲动总是非常强烈的。甚至没有任何移动椅子的功能原因，也会移动一下椅子，以满足选择。也许这就是图中那个妇女为什么把她的椅子挪了 1 英尺，既不是挪进阳光里，也不是挪到阳光外

坐在大都会艺术博物馆外的人们，把椅子挪到靠近人行道的一边，饶有兴致地观看第五大道上的路人

们毫无顾虑地并排坐着；这种紧密度有其必然性，习惯让人们不觉得这种紧密度有什么不能容忍的。在广场中，剧场里的那种紧密度是不必要的。周围空间大得很，固定座位有一个操纵人们的精灵在里边。设计师在对人们说，你坐在这儿，他坐那儿。人们有些犹豫。在某些情况下，他们把椅子从固定它们的地方拽出来。一个地方既有固定的椅子，也有其他类型的坐凳，人们可以做选择，于是，人们选择的恰恰是其他类型的坐凳。

为了鼓励使用可以移动的椅子，在这个分区修正案中，我们推荐一把可以移动的椅子能获得30英寸的坐凳空间积分，当然，大部分可以移动的椅子不过19英寸宽。建设部反对这个推荐意见。建设部完全反对这种可以移动的椅子的想法本身。建设部负责监督建筑商满足市政府的建筑要求。他们认为，如果这种可以移动的椅子丢失了或损坏了，建筑商不去替换怎么办？无论建设部是否去具体分析任何争议，有一点是可以肯定的，对这类公共设施的监督越少，监督反倒会更容易一些。我们在佩利和格里纳克公园的记录是成功的，不错，这个记录很有说服力。这些椅子留在广场里。现在，它们已经成为新广场的标准公共设施，维护的经验也一直不错。把这些可以移动的椅子放进广场，活跃了现存的广场空间，甚至在没有市政府奖励的情况下，广场的管理部门还给这个广场不断增加更多的椅子。“大都会艺术博物馆”是这些椅子的提供方。沿着这个博物馆的台阶前，博物馆放置了200把可以移动的椅子，一天24小时，一周7天，它们都留在广场上。博物馆计算过，比起雇保安每天晚上收回椅子，信任人们和周期性地更换新椅子会更便宜一些。这就是一直以来沿用的方式，故意破坏并非想象的那么多。

阿克森迷你公园

公园大道 345 号最大地利用了平坦地面，从而提供了很多种坐凳结合选择

多大的坐凳空间？

我们当时必须面对的一个关键问题是，应该要求多大的坐凳空间。我们花了不少时间来寻找这个问题的答案，我现在觉得，花在这个问题上的时间太多了，我很想讲讲我们所做的各式各样的计算，来证明我们是如何认真负责的。实际上，几乎任何合理的衡量标准都可以使用，我们自己的衡量标准也可以使用。这是一个非常重要的事实。

让我说说我们是如何认真负责的。我们反复测量了纽约市中心的大部分广场和小公园。作为坐凳空间，我们在测量时，包括了人们可以坐在其上的具有座位意义的所有空间，如长凳，还包括了那些不是坐凳设施，却可以坐坐的空间，如台沿。尽管建筑师的规划图不无帮助，我们还是不厌其烦地使用卷尺在地面上实际测量了大部分空间，这个过程着实让路人和保安产生了非同一般的好奇心。

接下来，我们把坐凳空间的数量与广场规模联系起来。正如表图 3 所示，在最佳使用的广场上，坐凳空间的面积大约占整个开放空间面积的 6%—10%。大概估计，对业主提出 10% 的坐凳空间可能是合理的最低要求。

为了做其他的比较，我们转向计算延英尺（延米）。计算延英尺（延米）比计算面积更精确一些，更明显一些。只要一个人的背后是空着的，增加平方英寸没有太大问题。坐凳表面的边沿就是这样，最应该计算的正是坐凳表面的边沿。

作为比较基础，我们测量整个场地的延英尺（延米）。因为周长包括了建筑物，所以，与这个建筑物的距离，与它影响的周边环境的距离，是一个计算指标。因此，我们应该按照某种比例设置坐凳空间。在最受欢迎的广场上，坐凳空间几乎与整个场地的周长相等。这就意味着，可以要求业主最少提供与整个场地周长相等的坐凳空间延英尺（延米）。

甚至在最好的广场上，建筑师其实还有可能做得更好。为了讲清究竟可以好多少，我们在当初规划的基础上，计算出这些广场很容易就能提供的附加坐凳空间。我们并不设想对规划的基本布局做任何调整，我们也不使用简单增加长凳的办法来增加附加的坐凳空间。我们只是集中关注基本设计上的那些空间。

在大部分情况下，大体可能增加 50% 的坐凳空间以及非常好的空间。例如，阿克森迷你公园有一个很好的喷水池边沿，喷水池的两个边不能坐人，我们只能坐在喷水池前后两个台沿上，而且，喷水池前后台沿只有背对水池的一边可以坐人。经过几个简单的改造，如扩宽台沿，坐凳能力就翻了一番，提供了一些最好的面对水池的空间。总而言之，这些例子说明，业主很容易建设与场地周长相等延英尺（延米）的坐凳空间。

这个要求的最终确定是一个妥协：每30平方英尺广场面积提供1延英尺（延米）的坐凳空间。这个要求是合理的，业主没有什么麻烦就可以满足这种要求。他们可能满足硬性指标。但是，精确比例并非如我们思考这个问题本身那样重要。建筑师一旦开始思考如何让一个地方可以坐坐的途径，总会超出最低要求的。其他的因素随之而来。一定要更多地考虑到可能的步行人流，台阶、树木、风障、阳光问题，甚至垃圾桶。好事成双。好的地方往往是和谐的，每一个人几乎都可以在其中找到对立统一的道理。

第三章　阳光、风、树和水

阳 光

我最满意我们的摄影机记录下的那段阳光经过西格莱姆广场的过程。接近晌午，西格莱姆广场完全笼罩在阴影下。晌午过后，阳光开始扫过西格莱姆广场，随着阳光的移动，坐在广场里的人们也在移动。哪里有太阳，他们就坐在哪里；没有阳光的那些角落，无人问津。这是一个很有趣的关联，我对这种现象抱有希望。像城市设计师们一样，我认为，朝南至关重要。西格莱姆广场充分证明了这一点。

华盛顿特区的法拉哥特广场

随后，出了问题。阳光与人们在广场中坐坐的关联消失了，不仅仅在西格莱姆广场，在我们研究的其他广场，这种关联都消失了。阳光还在移动；人却不动了。我们最终恍然大悟：5 月过了，进入 6 月。中午的气温一直还没升起来，不过，温暖程度的增加足够让阳光不再成为关键因素。

也就是在这个时候，大街对面的一幢办公大楼开始遮住了佩利公园的阳光。我们在这幢办公大楼的脚手架上安装了一台摄影机，对着佩利公园，记录下这幢新建筑的效果。并非太令人意外。尽管阳光减少了，人们却依然如故地使用这个公园。如果阳光保持不变，人们也许会更多地使用这个公园；即使实施控制，也没有一个完全相同的地方，谁也不能够保证。更重要

人们沐浴阳光

纽约现代艺术博物馆的雕塑公园

城市中间的阳光和绿草让人们有一个愉悦的午间休息

的观点是，阳光可能减少了，然而，这个公园还能够维持下来。

但是，还没有计算的简单数据是沐浴阳光的品质，有阳光时，沐浴阳光的品质就要高多了。然后，我们就有了选择，选择阳光，选择阴影，或者选择阳光和阴影之间。坐在大树下的最佳时间是大树遮住阳光的时候。阳光越充足越好，广场朝南时，阳光会充足一些，所以，现在制定纽约大部分分区规划时，要求新的广场和开放空间应该朝南。

应该保护得到阳光的途径。实现这个要求的一个途径是，为了降低横跨阳光照射路径上的建筑高度，购买空间权，让建筑维持在不影响阳光照射到广场上去的高度。这样做一定成本不菲，当一个地区的开发压力正在上升时，更是如此。当然，出于相同的理由，购买空间权证明是一个不错的投资。这类空间权可以成为后续开发的杠杆，可以出售部分空间权，让建筑物对开放空间的投影最小。现在，大部分空间权交易涉及购买一个建筑物没有使用的权利，从而让另一幢建筑的高度超出正常允许范围。应用这个原则，让建筑物低于允许高度，也不是一个不好的想法。

另一方面，我们有关阳光的似乎有些消极的发现也有积极的一面：因为朝北或建筑物遮挡，一些广场阳光不充足或者没有阳光，可是，这些并非是这些广场得不到青睐的原因。通过灵巧的设计，这些广场可以变得像是有阳光一样。

为什么不去借光呢？挡住阳光的新建筑同样也反射一定

有些新建筑反射了大量的光，让那些过去没有光的地方有了光

数量的阳光。建筑师使用石灰华以及玻璃和不锈钢做幕墙，他们建造的新建筑已经让城市的眩光指数飙升。但是，光线也照射到了许多过去阴暗的地方。在持续8年的拍摄中，我发现，若干条大街已经变得明亮起来，照相曝光快了一些。许多本来会在更多时间里处于阴暗中的开放空间，现在处在了反射光线中，有时处在第二次、第三次反射中。例如，格雷斯广场完全没有直接阳光照射，但是，朝南建筑下午向北反射阳光，所以，下午大部分时间里，这个广场有光。按照石灰华本身的属性，对下午的光线具有很好的反射性，从而给街道带来一些良性的光线。

这类效果可以整个逆转过来。对新的大型建筑所做的光照研究常常带有辩解的性质，这样，可以向规划委员会证明，这类大型建筑不会比其他现存建筑造成更大的阴影。没有多少研究试图确定一个新建筑造成的光照，会产生多少收益，谁来受益，何时受益。

但是，确实可以提前计划和协商可能值得的收益。例如，通过一个建筑的开发方向上的邻居出售反射光，事实上，这个建筑的业主可以有阳光权。市规划委员会可以以优惠为基础，管理这个项目，奖励开发方提供的反射光。当然，复杂性可想而知，不过，卷入城市设计的律师和规划师们在这种复杂性中可能找到某种推动因素。

温暖与阳光一样重要。广场人数最多的时候，不是一周中气温达到 70℉（21℃）的那几个阳光灿烂的日子，在纽约，这种气候条件的确适合出门散步。但是，广场人数最多的时候恰恰是气候炎热、闷热的晴天或阴天，我们一般认为，这样的气候条件最好留在室内，打开空调，事实并非如我们所料，这时的户外人数最多。人们喜欢温暖。夏季，人们一般会坐在阳光下和阴影里；只有在非常炎热，气温达到 90℉（32℃）或以上时，那些阳光直射地点上才不会有人。相对温暖也很重要。纽约春暖花开的第一天是人们到室外坐坐的高峰日之一，当然，事后人们遇到相同气温时，可能会觉得这样的气温还是太低了，不适合在室外坐坐。相类似，在持续寒冷的日子过后，或多雨的日子终止后，第一个温暖的日子总会让城市开放空间的人数达到峰值。

寒冷的气候也适合到室外坐坐。开放空间里的太阳辐射热量可以让坐凳空间产生不同的感觉，或舒适，或完全不舒适。人们会主动地寻找阳光，找到一个正确的坐凳地点。十分寒冷的气候条件下，在室外坐坐的人数比预料的要多。纬度越向北，人们越热衷于在寒冷的气候里做户外活动。

风

人们所青睐的是避风向阳的地方。没有风，不是风口，与阳光一样重要。就此而言，小公园，特别是那些三边围合的小公园，效果最好。人们在生理和心理上感觉舒适，这就是为什么这类小公园的相对承载能力要比大广场高一些。纽约的格里纳克公园装有红外加热器，当然，它们只在极端寒冷的天气里开启。因为那里有阳光而且防风，所以，格里纳克公园甚至在寒风刺骨的时候，也还是适合坐坐的。

围绕新建筑的空间存在另一类问题。冬季里，许多这类地方寒冷而透风，甚至在温和的气候条件下，也几乎没有什么人在那里逗留。这类设计错误被人们忽视了。对新建筑的模型做风洞试验现在已经成为惯例，但是，它们并没有太多地考虑到人。对世界贸易中心建筑设计的测试基本上是决定这个建筑的强度和必要的结构。这类高层建筑本身可能产生的气流，各种气流对大楼下的人的影响，明显不是风洞试验的主要关注点。

这类影响相当大。现在，人们已经认识到，非常高的独自矗立的建筑可以在它们的表面产生向下的巨大气流。这一现象没有抑制这类高层建筑的建设风潮，结果可想而知，有些空间常常无法逗留。在西雅图的一个银行广场，狂风有时异常强大，所以，在广场里设置保险绳，让人们在通过广场时可以有个抓手。在芝加哥有最大风的地方，那些强风不是局部气流引起的（芝加哥的局部气流的强度与其他地方没有太大差别），而是由约翰 · 汉考克大厦和西尔斯大厦表面产生的向下气流所引起的，那里的气流通常很大，妨碍了人们使用那些广场，即使人们不得不使用那些广场。[①] 詹姆斯 · 马斯顿 · 菲奇（James Marston Fitch）极力主张建筑专业要考虑环境影响，他指出，这个问题是观念上的，而非技术上的。“负面影响不过是忽略而已，人们在做室外空间设计时，仿佛设想室外空间总是阳光明媚和气候宜人的。这样（开放空间）没有它们的主旨，忽略了建筑空间和城市空间之间的差别，最终不过是建筑空间和城市空间的延伸。”

正如菲奇指出的那样，从技术上讲，我们的确可以延长室外空间的有效季节。我们可以在阳光和风的研究中提出正确的问题，通过实验，找到比较好的方式积聚阳光，让光照水平翻番，或阻挡阳光，或在冬天减少寒风，而在夏天引入凉风。我们可以从半开放的小生境（niches）和山洞那里吸取人们常常寻找的经验。大部分新的城市空间或是完全的开放

---

① 的确如怀特所说，人们已经对城市特别是高层建筑密集的城市核心区的气流做了深入的科学研究。一般来讲，三维的建筑物允许气流围绕它们和在它们之上运动。由于存在两个很不同的分离机制（或压力场），所以，由此而产生的扰动能够导致地面上出现高速风。在建筑迎风面上的压力分布引起第一种类型的气流，它随着建筑物的高度增加，与局部风压力相关。低压尾流区（背风面和侧面）和下风所面对的相关高压区之间的压力差形成第二种类型的气流。在这两个分区之间气流直接通过拱廊或围绕角落，它能够引起非常高速的局部风。尾流压力的大小取决于沿顶部边界的风速，即建筑顶部没有受到建筑物扰动的气流速度。建筑物越高，尾流压力越低，通过拱廊或围绕角落的风速越高。实际上，那里常常就是公园或人们坐坐的公共空间。——译者

圣托马斯教堂的台阶就是一个典型的避风向阳的地方

空间，或是完全的室内空间；我们在两种空间之间做更多的事情。随着使用玻璃的檐篷或小亭子，我们可以建设半开放的室外空间，它们可以在比较糟糕的气候中使用，当然，也可以在正常气候条件下使用。多雨的城市，如西雅图和波特兰特别适合于使用这类半开放的室外空间。

树

我们可以列举出树木各种各样的好处，当然，仅就气候而言，植树就有很多好处，沿着人行道的行道树，城市开放空间里的树木，都在改善着小气候条件。[①] 纽约的新开放空间分区规划已经明显提高了这方面的要求：开发方必须满足每25 英尺人行道种一棵树的要求。树木半径至少 3.5 英寸，种

① 树木和其他城市环境因素之间的相互作用十分复杂，如怀特所说，植树有好处，但是，科学家也发现，这个结论需要分析。树木具有过滤空气的能力，除开二氧化碳外，树木还吸收其他形形色色的污染物。但是，树木对城市街道空气质量的影响并不是完全积极的。风洞研究确认，沿街种植行道树干扰了背风涡旋的形成，而清除街道起源污染物如汽车尾气的机制之一恰恰就是背风涡旋。街道上的树木干扰着两种类型的气流，这种干扰降低了污染物的消散，进而导致比较差的空气质量。当背风涡旋受到干扰，顶层拉住的新鲜空气仅仅把迎风墙脚的污染物带走，所以，空气质量的改善不大。树木截获了一部分动量，这就意味着风没有足够能量从背风墙脚把空气向上托起，街道里的污染浓度远远大于没有树木时的状态。另外，树木也干扰了沿着街道流动的气流，限制了角落涡旋的渗透，这样，也在一定程度上限制了角落涡旋来帮助提供新鲜空气和清除污染物。所以，城市里如何种树还是很有讲究的。——译者

丹佛这个办公楼的广场是一个简单的种着一些树的草地公园。公园很受欢迎，是街对面“丹佛第一”广场的一个补充

几棵大树的树冠有可能让一个交通量很大的地区感觉非常舒适

植在地平面上。在广场里，应当按照空间比例种树（5 000 英尺的广场至少种 6 棵树）。

树木应该比平常更多地与坐凳空间联系起来。就我们已经研究过的开放空间来讲，人们最青睐的开放空间还是那些能够提供美好景色的开放空间，在大树下觉得很舒服的开放空间。这类开放空间满足围合的要求；人们觉得被簇拥起来，得到保护，如同坐在街头咖啡馆的帐篷下。一般情况下，大树下总是比较凉爽的。

不幸的是，拉索和树坛常常用来避免人们在那里坐坐；即使它们并非如此，但设计细节上的浮躁产生相同的结果。每个东西都被篱笆围起来，我们既不能靠近树木，也不能在周围坐坐。种了大树的地方，从舒适角度讲，树一般都太高了，而树坛边缘又太窄了。

应该鼓励开发方把树木和坐凳空间结合起来。还应该鼓励开发方在小树林里植树。正如佩利公园所显示的那样，把树紧密地种在一起，重叠起来的树叶把阴影和阳光结合了起来，非常宜人。花棚架也能发挥相同的功能。

水

水是另外一种很好的元素，设计师们正在相当好地利用水这一元素。新的广场和公园以各种形式使用水：瀑布、水墙、激流、水沟、宁静的水池、水渠、蜿蜒的小溪、各种喷水池，等等。但是，缺失的一个主要方面是亲水。

有关水的好事之一是，看水和感受水。我总在想，西格莱姆广场的水看上去是非同一般的液体，我想，那是因为，我们知道，只要我们愿意，我们可以用手戏水。人们总在戏

水：他们把手放到水里，把他们的脚指头和脚放到水里，他们在那里戏水，保安不会跑过来说不。

但是，在许多地方，水不过是用来观赏的。把脚放进水里，瞬间会引来保安。不允许这样做。水里放了化学品。水里有危险的污染物。如果我们想让人们接触水，有人会告诉我们，人们下一步会提出在水里游泳。有时，他们的确这样做。波士顿“基督教科学总部”的新水池不过几英尺深，但是，当它第一次开放时，许多人开始用它来做涉水游戏，甚至游泳。由于管理上的困难，重新确定了这个水池的装饰功能，限制游泳这类活动。

把水放到人们面前，再从人们面前把它拿走，这是不正确的做法。但是，此类事情一直都在发生。建起水池和喷水池，然后立即贴上告示，让人们不要去碰。同样糟糕的是，过度热情地对待水池，放空，再灌上水，抽干了，清洗，仿佛这些水池的基本功能就是对它们的维护。芝加哥格兰特公园老白金汉喷水池甚至安装了带电的栅栏。

安全常常是把人与水分开的理由。但是，处理这个问题的好办法很多。在俄勒冈的波特兰演艺厅的喷泉，人们已经在一个复杂的水沟和瀑布系统中爬上爬下 6 年了。看似危险，实际上，从建造以来，没有发生过严重事故。这个优美的喷水池肯定了对人的信任，它给波特兰城带来不少赞誉。

有关水的另一件大事是水声。当人们解释为什么他们发

水应该是可以接近的、可以触摸的、可以嬉戏的。芝加哥格兰特公园老白金汉喷水池安装了带电的栅栏，人们不再可以接近喷水池的水了

现佩利公园那么安静和悠闲，常常提到的一件事是水墙。实际上，水墙是很吵人的：噪音大约为 75 分贝，比附近街上的噪音还要高。这是水自己发出的声音，另外，这种声音并非特别令人不愉快。我曾经给人放过录音，问他们对这种声音怎么看。他们往往说，这种声音是地铁的，是高速公路上的卡车的，反正不是什么好声音。但是，在佩利公园，这个水墙的声音让人感觉十分愉悦。水墙的声音是一种不算噪音的声音，掩盖了大街上常有的那种间歇性的汽车噪音和突然发生的巨响。它也掩盖了人们的对话声。即使附近还有其他人，我们也可以大声与同伴对话（有时，我们不得不这样做），享受一种私密性的感觉。有时，水墙关上了，喋喋不休的声音停了下来，世界上似乎再也没有这么适意的地方了，或者说，世界上似乎再也没有这么安静的地方了。

第四章　食品

想让一个地方活跃起来，就要让那里出售食品。在纽约，有活跃社会生活的每一个广场或台阶，我们几乎总可以在角落里看到食品小摊和围着小摊的人们，他们吃东西、闲谈，或只是站在那里而已。

小摊贩知道什么地方生意好做。他们必须有这个嗅觉。他们总是在不断地检验市场，如果一个地方生意红火，那里很快就会集聚若干个小摊。吸引更多的人，引来更多的小摊，有时，人们聚集在那里，让步行者减缓了步伐。圣诞节期间，

格斯是西格莱姆广场上的摊贩，日复一日，年复一年，都可以在公园大道和 52 街的角落上看到他，他也对西格莱姆广场的成功有所贡献

基本餐饮设施——一个小吃店，桌子和椅子——让一个地方活跃起来

我们发现洛克菲勒广场前40英尺（约12米）的空间里，云集了15个小摊（大部分是出售爆米花的）。

城市管理部门对此大伤脑筋。有很多法令规定，无论这类小摊贩是否有营业许可证，做室外经营活动，都是不合法的，虽然那些地方的生意不错。坐商们一般都会配合警察，执行这类法令。我们在纽约中心商务区常常可以看到警察给小摊贩开具罚单。有时，警察展开大行动，用卡车把小摊强行拉走。这类对抗常常会吸引很多围观的人，他们的立场显然是站在小摊贩一边的。

应该善待小摊贩。小摊贩被默认为是给城市室外生活提供食物的人。他们之所以生意兴隆，是因为常规商业设施不能满足社会需要。广场特别适合这类小摊生存。在建设那些广场时，几乎不会留下任何一个小餐馆。于是，小摊贩填补了空白。一旦赶走小摊贩，这个空白就特别明显。广场空间上的许多生气会随着小摊而去。

比起其他地方，纽约市并不是一个规定太古板的地方。许多城市不仅立法禁止在室外出售食物，还禁止室外用餐。如果我们去询问官员们这个问题，他们会告诉我们，一旦放弃这类限制，可能发生的可怕事件——不卫生食品的危险，令人恐惧的垃圾问题，等等。过去10年，部分因为这些限制，大部分广场和综合大楼都没有建设任何室外餐饮设施。例如，芝加哥的第一国民银行发现，甚至提供最小的设施，

沿美洲大道上的新建筑和广场，让许多熟食店和餐馆搬走了。这个真空现在被食品小摊所取代

如一个爆米花车，也要市政府特批。当然，还是有少量移动餐饮设施。

食品会吸引更多的人。我们有一个特别好的机会，通过半控制实验，在一个新广场，观察这种引诱效应。一开始，没有任何食物供应，使用广场的人数不多。在我们的建议下，管理者允许一个食品推车在那里做生意。它很快就成功了（但是，卖花的小车生意不成功）。到这个广场来的人更多了。于是，一个推车的摊贩在人行道边开了一家小店；另一家人也来这里做生意。这样，三家的生意持续增长。下一步，管理者允

格里纳克公园里小熟食外卖店

许建筑里的一家餐馆在室外出售咖啡。越来越多的人来这个广场，超出了过去来这里喝咖啡的人数。

这些事情的放大效应是巨大的。所需要的商业设施无非是几把椅子和几张桌子而已。把它们摆出来，撑上几把彩色的遮阳伞，请几个男女招待，客人和视觉效果都会很不一样。如果咖啡店挣钱，其他都会不错。当然，咖啡店本身就可以调整自己吸引人的方式。令人惊讶的是，那里的咖啡店也并没有更多。

最基本的零售设施是小吃店。佩利和格里纳克公园都有外卖小窗口，食品质量不错，价格还行，商家也有收益。那里有许多桌子，人们可以自带食品，如果他们愿意，也可以带酒。从街上看，公园好像正在举行派对，如果人们排队在外卖窗口买食品，会诱惑更多的人前来。重复一句，食品吸引人，而人会吸引更多的人。

我们当时提出，纽约新的开放空间分区规划要求所有新广场和公园提供基本的餐饮设施。规划委员会认为，这个要求有些过分，最终没有把这一条变成开放空间分区规划的一项条款。当然，现在对过去认为有障碍的食品销售亭和其他零售商业建筑物都给予了特别的鼓励。室外咖啡店也不例外地得到了鼓励；广场或公园里，20% 的开放空间可以用于室外咖啡经营。已经建成的广场也可以设置咖啡店及其相应设施。纽约市政府对我们当初的推荐意见给了一个很好的说法。这事得从一家咖啡店说起。紧靠市政厅的地方是一个很大的开放空间，圣安德鲁斯广场，曼哈顿的副区长朱莉·哈默(Jolie Hammer) 设想在那里开一家出售民族食品的咖啡店。她请求若干组织捐献座椅，在广场里设一个室外咖啡座，从附近的小意大利咖啡店拿来咖啡和点心。后来，哈默还引进了中国食品和美国黑人的传统食品。这个民族食品外卖生意一开始就很红火，午餐时分可以多达 500—600 人。

哈默女士在空间使用上提供了一个经验。不是让这类食品零售设施零散地分布在整个空间里，而是让它们簇团，加上一个声誉很好的主要外卖店，把座椅聚在一起使用。这样，人们聚在一起；排队或隔着桌子打个招呼，自然而为之。在不长的时间里，这个广场成了市政府工作人员的交流场所，无论按照什么指标计算，这个广场都成了最具社交品质的地方。我从未见过如此多的人在交谈、引见人、打招呼。如果我们做个调查的话，一定会发现许多婚姻和孩子都可以追溯到那些男女在圣安德鲁斯广场度过的一个夏日。

第五章　街头

现在我们谈谈广场的一个关键空间。这个关键空间并不在广场上。这个关键空间是街头。我们已经讨论过的因素，坐凳空间、阳光、树木、水、食品，都很重要。我们当然可以把它们添加到广场中来。但是，广场与街头的关系不是添加的关系，而是一种不可分割的关系。广场与街头的关系是一个城市开放空间的关键设计因素。

一个好的广场出自街头。如果这个街头很繁忙，这个街头就有它自己活跃的社会生活。人们不只是在那里等一个过街的信号灯。有些人在那里交谈；另外一些人在那里依依不舍地道别。如果角落里还有一个小摊，人们会围着这个小摊，街头是繁忙的双向通道，人们从广场到街头，或从街头到广场。

在公园与大街衔接的边沿上，人们所看到的无非是各种各样的活动，而让这些活动得到充分展示的最佳方式之一就是不要用墙把公园与大街隔开。这个边沿的前排位置可谓基本空间；如果这些地方可以让人坐坐，一定很有吸引力。可是，最为常见的是，这种边沿无法让人坐下，有时，可以坐或在扶手的边沿上靠靠，但是很勉强。例如，纽约第五大道通用汽车公司大厦前有一个广场，这个广场与大街相衔接的地方形成了一个街头，这个街头的顶前头面对着最佳的城

纽约最好的街头之一，49 街和美洲大道，沿麦格劳 - 希尔大厦的交叉路口。这个街头有所有最基本的元素：坐凳空间、食品小摊、繁忙的步行人流，街头中间是一个人们青睐的交谈场所

市一景。如果没有金属围栏，人们就可以坐在高度为 5.75 英寸（约 0.15 米）的边沿上。如果这个边沿再增加 2 英寸（约 0.05 米），高度达到 7.75 英寸（约 0.2 米），坐起来就会比较舒适了。倾斜的边沿坐起来有些困难，尤其是与多刺的灌木丛混在一起的边沿，不易让人坐坐。

街头的另外一个关键特征是零售商业——吸引人们注意的商店、橱窗、招牌、通道，有了零售店，人们就会进进出出。新的办公建筑一直都不在意在它们的底层开设店面。平板玻璃替代了那些原本开商店的空间，透过玻璃，我们可以看到银行的职员坐在桌子边。这类情景沿着大街延伸开来，产生了令人厌倦的氛围。纽约的美洲大道有很多没有商店的广场，少数保留了世俗街景的广场现在非常吸引人。

作为获得开放空间奖励的一个条件，应该要求开发方至少让临街地面楼层 50% 的面积用于零售和餐饮，新的纽约分区规划做出了这样的规定。幸运的是，市场的力量现在正在向这个目标推进。在我们展开这项研究的时候，银行正在高价购买地面层的临街门面。自那以来，银行一直都在不断退缩，市场经济一直都在推进那里的零售业发展。当然，市场并没有对提出这种要求产生影响。

大街和广场或开放空间交汇区是否成功十分关键。从理论上讲，大街和广场或开放空间交汇区是一个过渡区，很难

华尔街一角，是商业交谈的好地方

确切地说出哪里是起点，哪里是终点。纽约的佩利公园就是很好一例。人行道前是公园的一个组成部分。大树的树枝延伸到了人行道上。路边、台阶的两边，弯曲的台沿里，都盛开着鲜花。通常可以看到某人在大街和广场交汇区里等另一个人，这种过渡区是一个习惯的汇合点，人们坐在台沿上，一些人在入口处的中间交谈。

过路人也是佩利公园的使用者。过路人中有一半的人会转过头来看看，然后走进公园。在这些走进公园的人中，又有一半的人面带微笑。我没有把微笑当作一个指标来计算，但是，微笑也是极端重要的。路过公园时的微微一笑，是一种次生的视觉欢愉，眼中的公园，有关公园的某种认识，都成为我们所认识到的更大区域形象的一部分。（如果有人要做成本效益分析，我认为，这个分析会显示，不说我们在次生使用那里已经得到的东西，次生使用本身就让我们得到了与基本使用一样多的收益。如果有人拿货币来给瞬间的视觉欢愉赋值，日复一日，年复一年，累积起来计算，我们会发现，从瞬间的视觉欢愉中所累积起来的收益是惊人的。）

公园推动了冲动使用。在路过公园时，许多人会停下脚步，稍微加快几步，登几级台阶，好奇地朝公园方向瞅上一眼。儿童们更会精力充沛地这样做，非常小的小孩往往会指着公园，扯着他们的母亲去公园，许多年迈的人会突然加快

纽约的另一个最多人使用的坐凳空间甚至无人知晓它的名字。像佩利公园一样，它与街头有一个很和谐的关系。街头成了公园的一部分

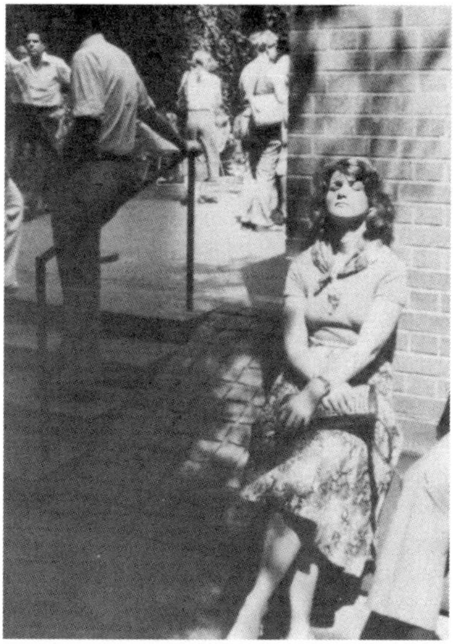

我们有许多理由说，佩利公园是一个很好的地方。其中最重要的理由之一是，佩利公园与街头的亲密关系。公园的通道用于公园本身。许多路过这里的人都很青睐这个公园

步伐，三步并作两步登上台阶。

看看那些鲜花，我们会觉得那些台阶有多么重要。佩利公园的台阶不高，人们很容易被它们引诱过去。这些台阶给我们的运动增加了一段美妙的插曲。我们可以驻足观望，走上几步，无须有意识地去做出什么决定，然后，发现自己已经在公园里了。

稍微有些上升坡度的台阶，可能有吸引力。但是，1 英尺（约 0.3 米）或更高的台阶坡度，会导致使用率明显下降。虽然没有一个确切的台阶坡度高低的划界指标，影响坡度高低感觉的有生理因素，也有心理因素，但是，台阶坡度高低与人们究竟要费多大劲才能做出上台阶的选择相关。本指望人们使用一个广场，然而，人们没有去使用它，比起附近的广场，这个广场的台阶坡度高达 1 英尺甚至更高。相比较而言，1 英尺似乎有点高了。扶手明显地限制了台阶的宽度，台阶步距则是灵活的。结果是不含糊的，没有犹豫不决，没有随波逐流。

视线很重要。如果人们没有看到一个空间，他们就不会去使用这个空间。堪萨斯城中心有一个公园，这个公园高于人的视线水平，大部分路过那里的人并没有发现它是一个公园。这样，这个公园不在人们的视线之内。西雅图的一个小公园虽然充满阳光，同样因为高于人的视线水平，让人与它失之交臂。如果真可以从大街上看到西雅图的这个公园，这

纽约的布莱恩特公园有些危险。由于这个公园的利用率相对低下，所以，那里成了毒贩和小偷的领地。墙壁、栅栏和灌木丛把布莱恩特公园与大街隔开。在大街上，我们看不见里边。在公园里，我们看不见外边的大街。只有不多几个入口进入公园。在现实中，只有在公园向人们张开双臂时，人们才会去使用它。格里纳克公园和西格莱姆公园的台阶都像张开的双臂，不高而且诱人

个公园一定是人们很喜欢去坐坐的，但是，事实并非如此，实际上，人们在大街上根本看不到这个公园。

除非有十足的理由，否则，开放空间不应该是下沉的。除开三两个例外，下沉式广场是死角。在下沉式广场里，我们找不到几个人；如果下沉式广场里有商店，很容易让橱窗的展示遮掩了那里事实上的空闲状态。除非这个下沉式广场通往地铁，否则，为什么要造一个下沉式广场呢？我们一旦身处下沉式广场中，会觉得到了井底。人们可以看到我们，我们却看不到他们。

我知道最好的空间利用者之一是舞者玛丽琳·伍兹(Marilyn Woods)。她与她的艺术团在全国各地的许多公共场所做表演。这些表演凸显了一个地方本身的语汇。并不太令人意外，最好的公共场所产生最美的表演，造就最具有欣赏能力的观众。(西格莱姆广场、辛辛那提的喷泉广场，都是顶级优秀广场。) 很重要的是，唯一让她表演不了的地方正是下沉式广场。伍兹回忆说，他们和观众之间仿佛竖起了一堵墙，觉得被冷落。

洛克菲勒广场怎样？洛克菲勒广场是一个很成功的广场，这个广场的中间是一个下沉式的购物中心。但是，列举这个广场的人们通常不了解这个广场究竟是如何运转的。这个广场是一个很好的城市空间，但是，比较低的部分只是整个广场的一部分，也是大部分人不去的地方。人们坐在露天剧场的观众席上，而在较低处人们正在做表演。冬季，那里可以溜冰；夏季，有一个室外咖啡，经常有音乐会。大部分的人，往往 80% 的人，集中在这个广场的上层：沿第五大道的扶手，稍许低一点的中间层，从第五大道延伸来的宽阔的步行道。

有些城市模仿洛克菲勒中心建设了下沉式广场，有一个下沉式广场的规模真是溜冰场大小。而他们没有复制的是洛克菲勒中心周边的空间。他们垒起一个舞台，却没有观众席，一个没有圈的洞。

芝加哥第一国民银行广场也是一个下沉式广场，比大街高程低了 18 英尺（约 5.4 米）。这个广场是美国著名的广场，天气好时，午餐时分，广场的人数可以达到千人。这个广场之所以成功的原因是，它做了所有让广场成功的事情：有大量的坐凳空间，一个声名显赫的室外咖啡店，喷水池，夏加尔的壁画，午餐时的音乐和娱乐表演。

芝加哥第一国民银行广场与街道具有相当好的联系。人行道与这个空间成为一体，通过那里的成百上千的人，都有很强烈的使用的愿望。许多人驻足观看广场里发生了什么。有些人下几步台阶，然后再下几级台阶。这个广场恰似一个露天剧场，在若干层上的人们，正在观看那些观看表演的人。

百老汇 1633 号的下沉式广场。别下去

第六章　“不受欢迎的人”

如果好地方如此美妙，为什么没有那么多的好地方呢？没有那么多好地方的最大理由是因为“不受欢迎的人”。不受欢迎的人本身并不是太大的问题。与不受欢迎的人斗争的各种措施才是一大问题。许多生意人都有一种强迫恐惧症，认为吸引人的地方很可能吸引不受欢迎的人。这样，不受欢迎的人就让一个地方没了吸引力。不准在此游荡——字里行间是加尔文派的训诫！——不准在此吃喝，不准在此逗留。所以，把长凳子做短点，让长凳子短到睡不了一个人，在台沿上安装尖状物；更重要的是，本需要空间的地方，却完全没有空间可用，或者有意不为。

谁是不受欢迎的人？很奇怪，对于大部分生意人来讲，不是歹徒、不是毒贩或真正危险的人，而是那些喝着纸袋子里半品脱劣质酒的酒鬼和纽约城里大部分无人问津的无家可归者。无家可归者是一个象征，一个人指不定哪天会变成这样的无家可归者，这个符号不是为了恩典而制的。对于零售商来讲，不受欢迎的人的名单相当长：乞讨的妇女、在公共场合行为举止怪诞的人、嬉皮士、青少年、老人、街头音乐人和所有类型的小贩。

关注不受欢迎的人是另一个问题的表现。许多对纽约决策产生重大影响的公司执行官，很不熟悉纽约这个城市的街头和开放空间的生活。他们从火车站到办公室不过几步路；因为办公楼里服务一应俱全，除非下班回家，否则他们根本就不出办公楼。对他们来讲，这个陌生的城市是一个危险的地方。如果他们的大厦有个广场，一定是一个防范有加的广场，这些公司执行官本人很少使用这个广场。

少数其他人也是这样。以不信任心态设计的地方得到的是他们正在寻求的东西，很可笑的是，我们果真很有可能在那里看到一个酒鬼。我们会发现别的地方也有酒鬼，当然，那是他们喜欢的空空如也的地方；正是在那样空空如也的地方，那些酒鬼才引人注目——这类公共场所的设计仿佛真是为这些酒鬼定制的，无意识地让他们得到了他们青睐的无人之境。

“不受欢迎的人”使用了42街和美洲大道相交处的纽约电话公司广场。纽约电话公司的董事长想要人们使用这个广场，他决定在广场里布置座椅，出售食物，让这个广场恢复生气。这个做法很快成功了。公司员工和过路人都使用了这个广场。大部分不受欢迎的人寻找别的地方去了

大公司精心策划的措施不过是一种信号——它们可能完全撤出纽约。联合碳化物公司宣布它将撤到纽约郊区去，在此之前很久，联合碳化物公司的大厦就已经暴露出它的这个决定了。为了保护大厦里的展览，这个大厦动用了警察式的保安，设立了检查站，把自己与这座城市隔离开来，让大厦周围完全空置起来，没有一个地方可以坐。（应该注意，郊区也不能让公司完全满意。搬到郊区去的大部分公司似乎依然痴迷保安。新的公司总部常常设计得像个堡垒，有门房、路坎，一个山边的汽车入口，竟然装备了现代版的吊门。）

处理不受欢迎的人这类问题的最好办法是，让一个地方可以吸引所有的人。记录显示，这种做法是绝对积极的。除开少数例外，在大部分中心商务区里，广场和小公园可能像其他地方，在人们使用它们期间，都是安全的。

人们使用一个地方的方式反映了人们的愿望。西格莱姆广场的管理者很高兴人们青睐这个广场，对人们做什么并不太介意。让人们把脚放进喷水池里，不去检查青少年是否在喷水池的台沿上抽烟；容忍行为古怪的人，甚至允许他们晚上在台沿上睡觉。太阳每天照样升起。这个地方基本上是自己维持社会治安的，很少发生什么麻烦。

佩利公园也很人性化。座椅都可以移动，应该很容易遭到破坏。但是，从1967年开放以来，这个公园的安全记录如下：

1968年，两个开面包车的人偷走了人行道旁的一盆花。

1970 年，“茶点”的招牌被人从墙上拿走了。

1971 年，一张小桌被人偷走了。

1972 年，一个人试图在树上刻符号。

1974 年，入口处的一盏铜灯被人偷走了。

在我研究纽约市的广场和小公园的 9 年中，纽约市的广场和小公园一直都使用良好，只发生了一次严重问题。这次例外发生在一个广场上，毒品开始在那里交易。于是，管理者拆除了一半的椅子。接下来，在这个广场的两个开放的边沿上，安装了铁质篱笆。这些改造非常有效地削减了使用这个广场的一般老百姓的人数，而让毒品贩子们高兴，于是，那里有了更多的毒品交易者。

在许多广场，我们都会看到监控录像设备。它们监视什么本身就是一个问题。对于监控边远的通道和门窗，这些录像机很有效果。但是，对于室外地区，这类设备意义不大。我们偶尔会看到，一个人从一边走到另一边，监控设备似乎应该跟踪录像，但是，它并没有跟踪。到监控室去一看，某个保安可能正在摆弄那些设备，他的无聊远比他的好奇心要多。

电子设备不可能战胜一个人，一个使用良好的广场应该有一个“场长”。他可能是一个大楼保安，一个报亭卖报的，或是一个食品小摊贩。注意观察他，我们就会看到，白天来过的人，一个警察、公交车的调度员、各种街道维护人员、办公室的工作人员、购物者们，与他打个招呼或开个玩笑。

这些广场的场长们是很好的交流中心，能非常快地发现任何不正常的事件。这与我们没有什么不同。当我们到了一个地方，会马上开始观察，不动声色。我们喜欢思考，那里的常客发现我们在那里发愣。显而易见的是，我们站在那里不动。不一会儿，就会有人走过来，问我们在找什么。

我所见到的最好的场长之一是埃克森大厦的乔伊·哈迪(Joe Hardy)。他是一个演员，也是这幢大厦的保安，洛克菲勒中心公司最初雇用了他装扮成圣诞老人，他很像圣诞老人。保安一般都不主动与人搭讪，但是哈迪喜欢社交，好奇心很

重，很会迎合。假定两个老人，看上去有些糊涂了，他会等他们走过来，问他们要去哪儿。他会迎上前去，问他们是否需要帮助。如果两个女孩正在互相帮对方照相，他可能会上前去，给她们两人照张合影。

哈迪很能容忍酒鬼和行为古怪的人，只要他们不去给任何人找麻烦。当然，他会非常快地赶到出了麻烦的地方。成群的青少年是个特别的挑战。这些孩子喜欢用他们的便携式收音机去跟人捣乱。哈迪的策略是，去见这群人中看上去最不好对付的人，要他协助，不要惹是生非。

不像哈迪，大部分地方的保安都是摆设。一般情况下，他们不过是站在那里，对别人的任何要求都摆摆手。一个人来回踱步，有节奏地把手挥去挥来。另一个人可能弯弯腿，做个短暂的休息。观察久了，我们甚至都可以预计到下一个弯腰何时发生。保安的工作应该更新了。

一个保安必须做的事情越多，做得越好，一个公共场所的功能就越好。对于佩利公园来讲，人们最初想，除开若干人维持小吃店运行正常外，还需要专门的保安。但是，仅有两个人负责清理这个地方就足够了，不需要保安。格里纳克公园的情况类似，保安自有其工作乐趣。他们是东道主，友好地对待每一个人，特别是常客，这些常客本身就成了这个公园的某种辅助管理者。如果有人蔑视这个公园的潜规则，例如不要在公园里骑自行车，这些公园的常客会直接告诉那个人。

物 权

让我们转到一个相关的问题。公共场所怎么就是公共的呢？在许多广场，我们会看到一块小铜牌，上边写着类似词句：私人物业。风险自负，业主可以撤销任何人使用这个物业的权利。这句话的意思似乎再清楚不过了，这个广场是业主的私有财产，业主有权撤销我们使用它的任何权利。无论是否给予业主建筑面积的奖励，大部分物业管理都认定这样一个基本原则，业主能够禁止他们认为不受欢迎的任何行动。另外，他们定义的不受欢迎的行动不限于危险的行为或反社会的行为。有些他们认为的不受欢迎的行动是很挑剔的。在我们测量通用汽车公司大厦前靠近人行道的台沿时，保安惊恐地跑过来，告诉我们：除非我们得到公关部门的允许，否则必须停止测量。

这也许不是什么需要上法庭的问题，但是，涉及的原则不可避免地需要检验。这个空间是公共机关通过分区和规划机制提供的。不错，这个空间的确是在这个业主私人财产的范围内，同时，这个业主对适当维护这个物业负有不可推卸的责任。但是，分区规划法规规定，“公众在任何时候都可以进入”这个广场，只有满足这个条件，业主才会得到规划奖励。

“可以进入”意味着什么？用常识解释，公众可以按照

哈迪努力让埃克森大厦有宾至如归的气氛

通告牌，传递了一种不同的信息

他们使用任何公共场所的方式，在具有同样自由和限制的条件下，使用这类公共场所。但是，许多物业管理实际上使用的是狭窄得多的可进入性概念。物业管理人员驱赶街头艺人、发小广告的人，或发表演讲的人。公寓的物业管理者常常驱赶除住户以外的任何人。这类做法公然违反了分区规划的本意，但是，迄今为止，没人去法庭提起诉讼。

城市广场的公共权利似乎清楚。不仅仅是广场用作公共场所，在大部分情况下，开发方已经把广场提供给大众，作为一种对社会的特殊回报。没有任何法令给业主权利，仅仅允许在广场里展开他批准的那些公共活动。业主可能想这样做，有些业主事实上已经这样做了。这是因为无人去挑战这些业主。僵化的条文需要澄清。

第七章　有效容量

至此，我们一直都在考虑如何让城市空间吸引更多的人。现在，让我们考虑另外一个问题。如果我们真的如愿以偿，吸引了更多的人到公共空间里来，事情又会如何发展呢？可以想象，吸引了如此之多的人，结果把他们本打算获得的享受都给挤掉了。这种情况已经在国家公园里发生了；这无疑也会在城市里出现。纽约市规划委员关注到了这种可能性。我们的研究对此是否可以有些启迪呢？是否有计量城市空间承载能力的方法？或管理城市空间承载能力的方法？多少就可以断言人太多了？

为了回答这些问题，我们专门研究了纽约使用率最高的5个坐凳空间：沿建筑物的台沿、广场台沿和3组长凳。首先，我们记录了高峰期和非高峰期每一种坐凳空间的平均人数。我们很快发现，可以坐下的人数和实际坐下的人数很不同。在一个使用率最高的地方，我们发现，每100英尺（约30米）的坐凳空间里实际坐下的人数在33—38人之间。在后续观察中，我们发现，在使用上有稍许增加，当然，在我们研究的其他几个地方，这种坐凳空间的人数范围大体相同。按照以下不是很精确的规则，这种坐凳空间的人数范围相当一致：如果我们希望估算高峰期使用坐凳空间的平均人数，那么，使用坐凳空间的平均人数 = 坐凳空间长度 /3，这个数字与实际情况八九不离十。

这个数字不是坐凳空间的物理容量。在这些使用率最高的坐凳空间里，每 100 英尺（约 30 米）的坐凳空间大约容纳了 60 人，这个密度与公共汽车上的坐凳密度相同。在特殊情况下，如重大事件发生时，这个数字还会上升。当然，我们所考虑的是有效容量；也就是说，在正常高峰使用期里，人们通过自由选择而坐在那里的人数。我们会发现，每一个地方都有自己的规则，取决于许多因素——小气候，是否可以比较舒适地歇会儿，从那可以看到些什么，那个地方的整体吸引力如何。

坐凳空间的供应是一个主要因素。许多人必须到那里看看是否有一个座；所以，坐凳空间的使用和步行人流之间具有一种关系。在研究哥本哈根时，盖尔发现，坐在沿城市主要步行通道长凳上的人数，与沿这条城市主要步行通道站着或正在走动的人数，有着紧密联系。坐着的人数与站着或正在走动的人数之间的比例是常数。

当然，就所有因素而言，坐着的人本身最重要。我们对西格莱姆广场北前台沿上的人的行为做了以分钟为单位的研究。我们在跨街的屋顶上安装了两台摄影机，对准西格莱姆广场北边的前台沿，从清晨到黄昏，每 10 秒记录一次。我使用这段录像编制了一张时序图，看上去很像一个自动钢琴打孔纸卷。每一条线段代表一个坐着的人；线段的长度代表

格里纳克公园是空间使用率最高的地方之一，但是，如此之多的人并没有让那里感觉拥挤

这个人在这里坐的时间长短；线段所在位置表示人们所坐的空间，共分 11 个空间。每个空间的宽度为 4.8 英尺（约 1.46 米）；整个台沿长度为 51 英尺（约 15.54 米）。图下的连续线表示，在任意时间里坐在那里的全部人数。

西格莱姆广场的一天慢慢开始。上午 8:50，有 3 个人坐在那里；他们很快离去。直到上午 11:30，任意时间的人数在 2—5 人之间波动。上午 10:35 出现的很大涨幅是因为突然来了 25 个小学生，他们在那里稍事休息。大约在上午 11:30，人数开始上升。中午时分以后，坐凳的人数上升到了 18 人。

一个空间有人坐了，人们不是把他们自己均匀地分布在这个台沿上；他们会去其他人去的位置上。在西格莱姆广场，台阶的拐角处常常先有人坐下，人的密度越高的地方一般人越多。

我们可以在海滩上看到相同的现象。在一个有名无实的西班牙假日里，我在一个悬崖上安装了一个摄影机，俯瞰一个小沙滩。第一批拿着遮阳伞的人到来时，大部分人走到沙滩前部和中间。当其他人来时，他们并没有去那些空着的地方。相反，他们去填充那些别人离开后留下的位置。到了中午，海滩前部和中间布满了人。海滩上的遮阳伞均匀地排成了三条平行线，人们会以为这是一个勘测人员安排的，其实不然。海滩的两边和后边依然还是空空的。

甚至在那些人非常稠密的地方，同样有扎堆的倾向。在为国家园林局所做的一项研究中，公共空间项目组记录了纽约雅克布里斯公园海滩的情况。在高峰使用日以及其他日子里，摄影记录显示，人们簇拥在海滩的前部，而不是去填充那些相对没有什么人使用的海滩后部。收入水平似乎与此关系不大。在长岛的另一端，汉普顿，人均海滩面积要多很多，但是，人们簇在一起的模式大体相同。

还是回到西格莱姆广场的台沿，当午餐时间就要到来的时候，一群人坐在台阶上了；台沿上的人数会在 18—21 人之间。在整个午餐时间段里，都会维持这个人数。

考虑到如此之大的人来人往变动，台沿上的人数始终徘徊在 18—21 人之间，当然很不一般。在 2 个小时的时间里，几乎每一分钟都有人起身或坐下。整个人数的起伏非常微小。当人数达到 21 人时，马上就会有人站起身来走开。如果人数下降到 18 人，总有一个人走过来坐下。自我控制的因素似乎在运作。

在人们到来之前，我们安装了摄影机，记录下西格莱姆广场北部前台沿一天的生活

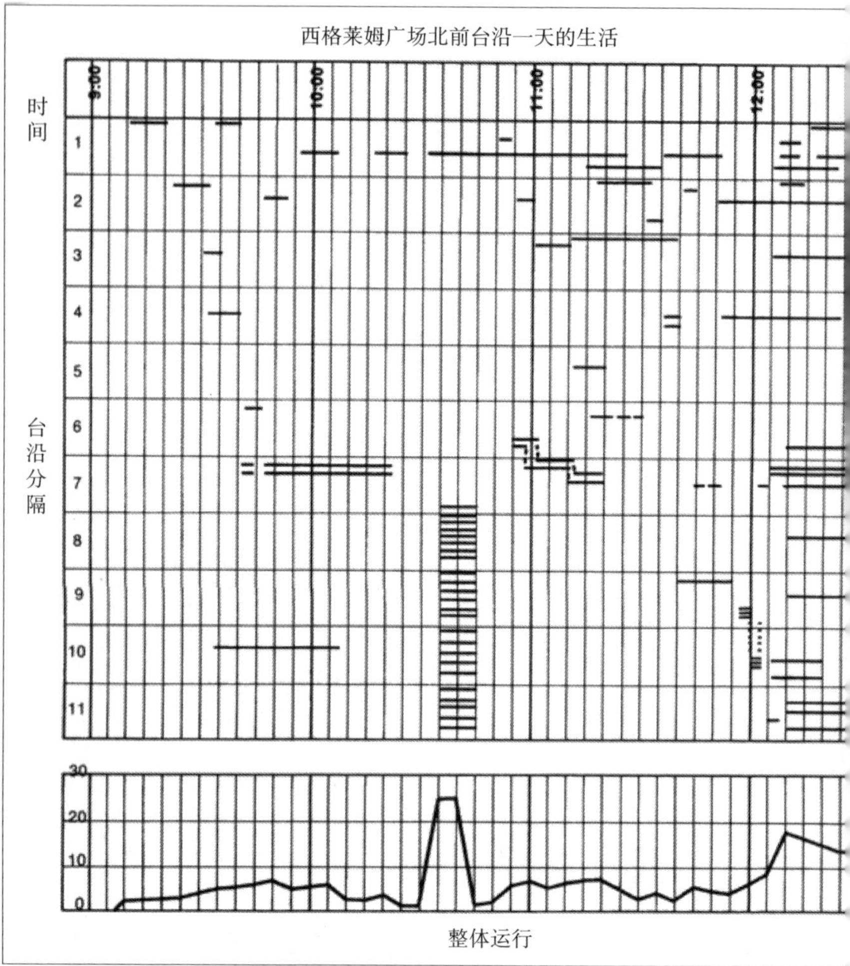

多少人算是人太多了：这个对西格莱姆广场北前台沿一天的分析显示，人们在直觉上知道什么对一个地方是好的
活动是断断续续的。（上午 10:35 出现的很大涨幅是因为突然来了 25 个小学生）中午，活动强度明显加大，这
之间。并不是空间短缺在限制着这个数字。在峰值使用时刻里，实际上还有很多空间可以坐坐。但是，来坐坐的

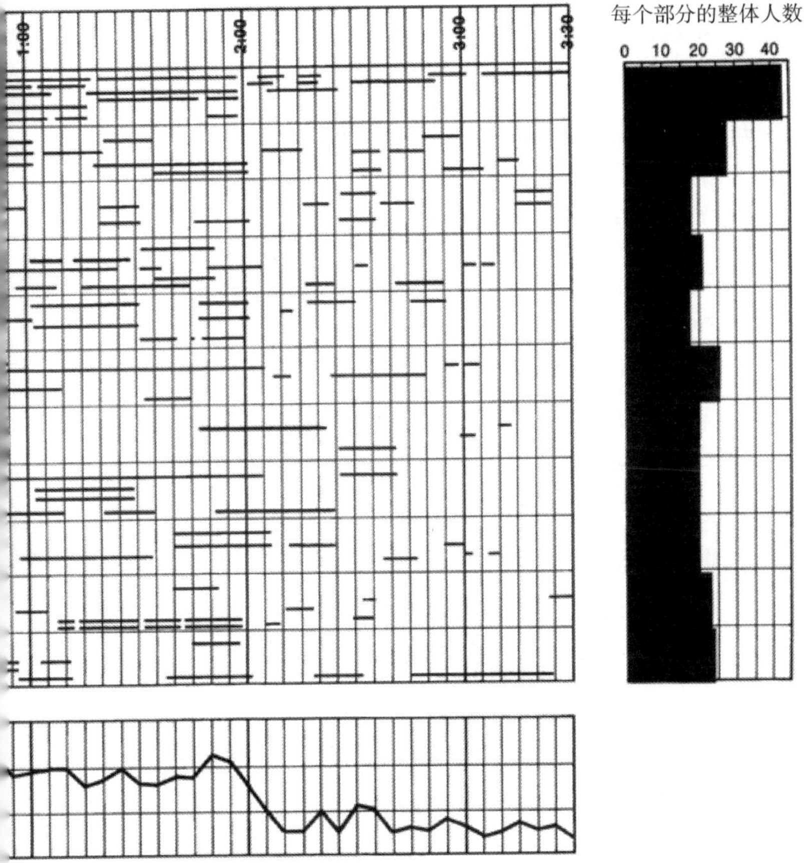

平面图显示了台沿的 11 个部分。从左到右的线显示了每一个人在台沿上所坐的位置和逗留的时间长度。早上的
一直持续到下午 2:00。人来人往，变动很大，但是，在台沿上逗留的人数明显一致，人数大体维持在 18—21 人
出现。在自由选择的情况下，这种现象表明，容量一般是自我调整的，人们相当有效地决定着广场的承载容量

有人可能为此推测，什么是好的空间间隔。从某个角度上讲，是这样，但是，好的空间间隔并不能真正解释什么。注意，在高峰期，人们是没有时间在整个台沿上实现空间上的均匀间隔的，像电线上的鸟一样，也没有谁离开那里是因为太挤的缘故。有些地方会有人群紧紧地围坐在一块；而在其他地方，人与人之间的确有相当的间隔空间。甚至在三个峰值时间 12:50，1:25 和 1:50 里，这一点都是如此。有足够的空间容纳另外 6 个人。

但是，那 6 个人始终未出现。仿佛直觉在告诉人们，多少人是一个地方的满员人数，让他们合作起来，维持这个人数状态，或乖乖地离开，或坐下，或不坐下，保持范围以内的人员密度。偶然事件当然也会发生，4 个朋友挤在一个空间里，而把另外三个空间闲置起来，给 3 个单独的人留下位置。但是，从整体上讲，偶然事件会很规则地发生。

无论是什么机制，似乎有一种规则在影响着人们选择最相邻的物理空间。这就决定了有效容量。有效容量并非静态不变的，也不能仅仅用数字表达。有些定性方面需要加以考虑——人们是否舒适，是否很快离开或逗留——对不同的人，这些因素可能很不一样。

甚至还会有某种像音乐一样的跳动。下午 1:50，快节奏出现了。这很正常，常常发生。地面的节奏也加快了：最后那些来吃午餐的人，也该回去工作了。这张西格莱姆广场图看上去很像一个自动钢琴打孔纸卷，所以，我很惊讶，如果真拿去演奏，会是一种什么样的音乐。一个作曲家朋友对此着了迷：他说，使用正确的调式，可以做些编排，它就是音乐。我希望有一天，这张记录会是：西格莱姆广场北前台沿一天的生活，柔板。

我们发现的使用强度最高的地方是上百老汇中那些交通岛上的长椅。那些地方的环境不敢恭维。来自相邻车道上的交通噪音和气味都是最大的；地下还传出阵阵地铁的声音；这些长椅年久失修，酒鬼和吸毒者常常躺在上面。但是，对这个地区的老人来讲，这些地方是珍贵的。下午3点左右，每一个长18英尺（约5.4米）的椅子上，都会坐上7人—9人

上百老汇中部交通岛上的长椅

不等。按照 100 英尺计算，相当于坐了 39 人—50 人。很有意思的是，我们在这里找到了纽约最高密度的坐凳空间，而这里的污染和噪音都是最大的，那里可以看到的活动也是最多的。

我们在西格莱姆广场坐凳图上得出的其他一些看法也值得注意。在台沿上坐一下的整个人数分布是一致的。在任意一个时刻里，人数分布几乎都是不一致的。但是，在 11 个坐凳空间的每一空间中，一天结束时，计算出来的全部人数基本相似。仅有一个例外，那就是与台阶相邻的坐凳空间，其人数超过所有其他位置，那个位置的两边均可以坐人，所以，吸引了两倍的人在那里坐坐。

人们在西格莱姆广场坐坐的时间也记录下来了。因为人来人往，周转很大，所以，很容易设想，使用进出总人数就可以计算出他们在台沿上坐的时间。实际情况并非如此。这张图上记录下来在台沿上坐坐的总人数是 266 个。正如人们想的那样，待 10 分钟以下的人数一定比待 10 分钟以上的人数要多。但是，把整个坐坐的时间累计起来，我们会发现，逗留比较长时间的那些人占据了大部分入座时间。我们计算的整个入座时间是 3 277 分钟，坐在那里超过 11 分钟的人大约占去了整个 3 277 分钟的 3/4；其中一半入座时间超过了 21 分钟。对南边台沿的研究得到类似的结果；午餐时间，在台沿上坐坐的时间超过 15 分钟的人，大体占去了整个入座时间

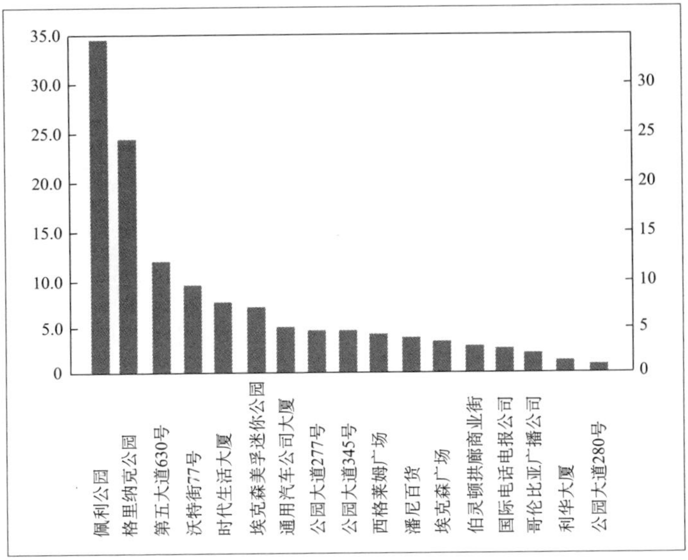

表图 4　人们认为，纽约最令人愉悦最不拥挤的两个公共场所，佩利公园和格里纳克公园，其实是每平方英尺使用量最高的地方。这是非常令人鼓舞的结果，因为它显示，如果设计上别出心裁，城市空间的承载容量是巨大的

的 3/4。这里给设计师提供的一条经验是，设计时应考虑到那些打算坐一段时间的人。

概括来讲，容量是自我调整的。这个观点需要反复重申。许多规划部门担心承载容量，担心更多的公用设施、更多的坐凳空间，会刺激更多的人来使用，造成更大的步行拥堵。然而，他们应该担心的恰恰是另一面。担心使用不足，而不是过分使用，使用不足才是主要问题。大部分城市开放空间的容量远远高于它们现有的使用量，而例外所提供的经验是令人鼓舞的。承载最多人的地方是那些最有效使用空间的地方，也是最令人愉悦的地方。正是人们自己决定了拥挤水平，他们在决定拥挤水平上做得非常好。

正是考虑到这一点以及前几章所涉及的经验，纽约城市设计小组把多种指南加入了提议中的分区规划修正案。在此之前，我们就期待公共空间问题成为一个母源和标志。其他一些团体，如市政艺术协会和美国建筑师协会纽约分会也是这样考虑的。它们虽然在一些专业问题上提出了不同意见，但是在原则上给予了强有力的支持。

当然，开放空间分区规划令人惊讶地显示出与地方规划委员会的冲突。所以，不得不放弃小公园奖励这个条款。这个条款所提出的不是建设一个广场，而是要求开发方建设一个像佩利公园那样的临街小公园，以此换取附加的建筑面积。这种公园是很好的，有许多坐凳空间，餐饮设施和树木，等等。开发方负责维护这种小公园，得到绩效奖励。小公园奖励对各方都有利：开发方得到更便宜的小路价格的土地，把这个土地价值分摊到建筑空间中；市政当局在没有投入的情况得到一个公园；对当地居民来讲，这个公园的公共设施功能远远超出一个广场。很不幸，一个地方规划委员会不同意这个想法，为了让它支持这个分区规划的其他条款，纽约市规划委员会只得放弃了小公园选项。这个地方规划委员会对这个分区规划的哪一条都不满意。

在一系列无休止的会议和对多个群体进行解释之后，这个分区规划修正案摆到了市政府预算委员会的面前，1975 年 5 月，获预算委员会全票通过。这时正值建筑繁荣崩塌之际，新的建设指南出台之前。当然，这种间歇是很有用的。城市设计小组拟定了与居住建筑相关的伴侣指南，要求建设街区公园，而不是开发方希望建设的那种用院墙隔离起来的空间。1977 年 12 月，这个新的指南被合并到了这个分区规划中。

结果一直都是令人鼓舞的。我们不能为好的设计立法，但是，好的设计肯定有助于在官方文件上得到一些提示。现在，建筑商便利、规范和最快的途径就是，计划提供有树、椅子和咖啡在内的空间，建筑商几乎对此不含糊或没有什么抱怨。这个新的开放空间分区规划不仅仅建立了广场的标准，而且，实际上建立起其他空间的标准，如前厅或室内公园，一些具有想象力的设计正在涌现。一件事引出另一件事，这些最好的广场或公园的案例明显刺激了许多大公司的竞争意识。

显而易见，把公共设施作为一个问题提出来是有意义的。确有必要给开发方如此之多的建筑面积奖励吗？规划部门所面临的日益增加的问题是新建筑的规模。这些新建筑比分区规划预计的规模要大，当然，它们的规模之所以比较大，是因为分区规划。周期性地增加到分区规划中来的特殊建筑空间奖励已经产生了影响。问题是建筑商已经把这些奖励的建筑面积结合到整个建筑面积中，实际上，整个建筑面积并不是部分建筑面积的累加，另外，这个事实反映到土地的市场价格上，正如开发方很快提出来的要求那样，土地的市场价格推动他们将规划允许的建筑规模最大化。

这样，日益增加了对空中权转移的使用。空中权转移的基本想法不错，长期用来保护标志性建筑环境。但是，空中权转移也推动了建筑高度的不断增加。把每一种建筑面积奖励与购买相邻场地的空中权相结合，开发方可以把建筑的容积率提高到 21.6，而最初规定的容积率仅为 15。

规划委员会对此基本上束手无策。实际上，新的大建筑没有一个是“依法的”；它们非常复杂，要求各种专项许可，所有这些专项许可都要经过若干专门委员会审查。在这些专项审批过程中，各种委员会常常推动开发方增加公用设施，

改进设计，只要让开发方跳出另一个马拉松式的审批过程，开发方就有可能增加公用设施和改进设计。但是，在一个问题上，开发方是不会让步的：规模。开发方并非必须在规模上让步的。各种各样奖励的每一个组成部分都是“依法”的，如果把容积率提高到 21.6，也不违反法律。法律允许这样做。

作为 AT&T 和菲利浦 · 莫尔斯这两个最大新建筑开放空间的设计顾问，我承认我是有偏好的。我认为这些空间应该对公众很有利，对相邻的建筑有利，充分证明新增建筑面积是可行的。其他新的空间，如 IBM 公司的，也应该这样做。

但是，多少容积率可谓太高？在什么地方？问题不是单体建筑的数目和相邻是谁。非常巨大的建筑不仅越来越多，而且，这些非常巨大的建筑正在最高建筑密度的地区簇团，而不是在建筑密度不那么高的地方簇团。接下来的问题是，这些非常巨大的建筑替代了什么？分区规划允许在特定地区建设比较大的建筑，于是，一些好的老建筑被摧毁了，如果没有这样的分区规划，这些老建筑还会留在那里。

纽约市规划委员会已经开始对奖励分区规划展开评估，这个评估可能导致收紧密度和规模限制。在这个时期，市场正在对一个问题做出部分回答。出于自身利益，可以引导业主为了他们自己而提供公共设施。

虽然他们没有因为提供公共设施而得到奖励，但是，修正的开放空间分区规划已经推动业主改造现存的广场。有些非常令人愉悦和使用不错的地方都做了这类改造。埃克森迷你公园就是一个最好的案例，它曾经在一段时间里有它自己的问题。基于公共空间项目组的分析，埃克森迷你公园被改造成为一座餐饮和音乐花园，座椅簇团布置，还有两个小吃店。午餐时，表演爵士乐。现在，这个地方的人数相当多了。

另外一些地方，人们开设了餐饮生意，种植了更多的树木，增加了更多的坐凳空间，人们不仅在广场里，也在人行道上、商店门前、沿着汽车站，布置了更多的坐凳空间。这种情况也出现在其他城市，当然，我倍感骄傲的是，纽约现在无可争议地成了美国最适合坐坐的城市。

第八章　室内空间

作为广场的另外一种选择，建筑商们开始转向室内空间。室内空间有很多种：前厅、走廊、庭院、通道、室内花园、形式多样的覆盖步行区。有些室内空间令人沮丧。作为对增加空间的一种回报，开发商提供空间，却在公用设施上偷懒。有些室内空间的确建设得非常成功。大量记录显示，共同特征大体与室外空间相同。室内空间的基本需要可以简要概括如下：

明尼阿波利斯的 IDS 中心全天都有很多人前来

1. 坐凳。可以移动的椅子对室内花园最为适宜。大部分受欢迎的地方常常有这类椅子；有些地方，如花旗银行大厦，正在增加可移动椅子的数目。在所有案例中，坐凳空间都满足或超出了给室外空间推荐的坐凳数目，每 30 平方英尺（约 2.7 平方米）的开放空间，需要 1 延英尺（约 0.3 延米）坐凳空间。当然，这个计算常常忽视了可能的台沿和树木。但是，许多地方不是低于这个数字，就是高于这个数字。

2. 餐饮。每一个成功的室内空间都提供食品。基本上结合了小吃店、座椅。有些地方还有咖啡店。

3. 零售。商店对生活和增加步行人流十分重要。开发者常常给银行或办公室更优惠的租金，而不是太在意零售商店。应该要求他们考虑零售店。

4. 厕所。如果奖励分区规划实现不了什么，要求增加公共厕所总是合理的。考虑到收益，纽约新的室内花园提供公共厕所。式样类似飞机上的那种。这些设施的规模都是相当有限的，但是，这些设施很大程度地影响了许多人的购物模式，尤其是对老年人而言。

室内空间的一个好处是，让步行者在整个地块里流动。规划师认为这很重要，允许开发者得到更多的额外建筑面积，以换得室内空间的这种好处。步行空间是完整的，一些开发商提供了这类步行空间，但是，效果并非如愿。除非有吸引力，否则，甚至在雨天或天气比较寒冷的条件下，人们也不

无论从心理上，还是从视觉上讲，IDS 中心都与大街和周边环境保持良好的关系。从视觉上可以看到大街和周边环境，让步行人流更为通畅

费城美术馆市场街入口。这个封闭空间与两个百货大楼相连接，它本身也是一个吸引人的地方。如 IDS 中心一样，它没有用一面不透明的墙壁对着大街，而是使用玻璃幕墙，让街上的行人可以看到室内

太使用这样的步行通道。大街比这些室内通道要有意思得多。纽约的奥林匹克大厦，通过给予业主数百万价值的额外空间，换取一个穿越整个地块的通道，高峰期间，穿越这个通道的人数大约为 400 人 / 小时。而在第五大道的人行道上，人数大约为 4 000 人 / 小时。

不难想象，如果在步行通道里有些什么相伴，步行通道的功能会大大提高。即使有人不打算在步行通道里坐下或吃点小吃，看看那里的各种活动，也可以让步行更有趣些。可以想象，使用之间会发生冲突。规划师为此担忧，在冲突的活动之间做一些分隔，纽约规划要求的通道最小宽度为 20 英尺（约 6 米）。当然，这就足够了。在广场上，人们最喜欢坐坐的地方都是那些与主要步行通道相邻的地方，对于许多聊天的人来讲，他们简直就是站在人流中间。步行者也喜欢邻近。邻近让通道更富有挑战性。在那些有多个流向的地方，如明尼阿波利斯的 IDS 中心，站在那里的人或正在谈话的人常常把路给堵上了，实际上，那里还有很多交叉冲突的地方。队列行进的经验是，忙碌最好。

室内公共空间在一个重要方面不同于室外的公共空间。室内公共空间并非公共的。建筑的外观、建筑的入口和保安，都可以发挥过滤的作用，使用这些空间的公众出现某种社会阶层分布倾向，更多高收入的人群，比较少的低收入人群，几乎没有不受欢迎的人群。这当然就是建筑管理部门和商店老板所要的。公众应该认同这样的空间吗？苏珊妮·史蒂文森（Suzanne Stephens）在《进步建筑杂志》上撰文批判花旗银行大厦时提出，公众不应该认同这样的建筑。她说，坦率地讲，郊区购物中心是一块飞地，“之所以有名，恰恰是它里边有什么和没有什么。在城市规划层面，我们应该讨论，这种孤立主义是否应该在城市奖励分区规划措施产生的‘公共空间’中发生。……开放空间这类公共设施，正在从真正的公共领地，街头巷尾，转移到公共领地和私人领地界限非常模糊的室内。这样，这种公共空间正在越来越私有化了”。

大部分超级建筑物都是这种情况。它们通过设计而具有排斥性，回头我还会说，它们在设计上是不正确的。如果这些室内空间，甚至超级建筑物，在设计上致力于创造宾至如归的氛围，那么，这些室内空间也可以是热情友好的。IDS 中心的水晶大厅堪称美国最好的室内空间，非常大范围的人群都可以使用它。上午，坐在那里聊天的大部分是老年人，他们中许多人明显是不富裕的人。

任何室内空间不可避免地都具有一种屏蔽效应；室内空间的设施、商品范围和档次、娱乐水平，所有这些都会决定谁选择去这类室内空间，如果去那里的人有教养、收入殷实，其实也不一定就是坏事。但是，其他的人也应该去，如果情况并非如此，那些室内空间就不是真正公众的。或者说，那些室内空间就不是真正城市的。

那些室内空间的大问题出在大街上。有商店的内部空间可能淡化大街上那些吸引人的东西，因为淡化大街上那些吸引人的东西，这些内部空间越成功，产生的问题就越大。我们很难确定，究竟增加多少室内空间，就可能达到大街的规模，但是，这是规划委员会应该努力思索的一个问题。更直接的问题是，内部空间与大街的关系。如果奖励分区规划支持这种内部空间，那么，这种内部空间所要做到的不仅仅是让内部空间成为公众可以去的地方，而且要成为欢迎公众去的地方。

好的内部空间不应该被索然无味的墙壁堵住。我们在大街上应该可以看到内部空间；我们从内部空间，应该可以非常清晰地看到大街和大街的周围；内部空间与大街之间应该在形体上和心理上都很容易衔接起来。IDS 中心的水晶大厅就是一个很好的范例。IDS 中心的水晶大厅是透明的。我们可以明确地知道自己是在明尼阿波利斯中心。我们看到了明尼阿波利斯中心。我们看到了大街和相邻的建筑，最抢眼的还是通过大门和步行通道的人流。IDS 中心很容易进出。

但是，大部分室内空间并非如此。建筑入口往往是非常工程化的，由一组旋转门组成。这些门自己并不旋转，而是我们去推动它们旋转。虽然边上会有合页门，但是，设计师设想，我们平常不使用那些合页门，只在紧急情况下使用。所以，常常在紧急门的中央写出这样的提示，“请使用旋转

维莱玛丽广场的这一组图显示，如何在出入口处让大的人流不形成拥堵。人们往往在大门后排队等候通过；人太多时，门不再关上，于是，每一个人都会加快步伐通过大门口

门”。有时，为了保持室内温度，在入口处的内部，再安装宽度为 15 英尺或 20 英尺的第二组门。

工程师们认为，为了控制温度，为了避免电梯井中的那种气流叠加效应而采用空气密封的手段，所有这些建筑入口处的工程设计都是必要的，可能的确如此。但是，这些旋转门有时被折起来，处在完全打开的状态。如果我们在这个条件下观察这个入口，我们会注意到，建筑依然如旧，没有多大的穿堂风出现。如果我们比较长时间地观察入口处，我们会注意到另外一件事：在非常拥挤的时候，这些入口的功能发挥不错。

我第一次在蒙特利尔的维莱玛丽广场看到这种现象。当时，我正在计算通过主通道入口处的人流，那个入口有 8 扇合页门。早上 8:45，人流达到每小时 6 000 人次，此时的确有些拥挤，许多人排队通过这些门。10 分钟以后，人流达到每小时 8 000 人次。令人惊讶的是，几乎没有拥堵发生。人们几乎在不排队的状态下，鱼贯而入，更快捷和容易。

之所以存在这种现象的原因是开门的冲动。有些人天生就是开门的人，而大部分人却未必如此。在可以做选择的地方，他们会跟着那些正在开门的人。有时，他们会排队，而不去自己开门。甚至在那些有许多门的地方，大部分时间里，主要人流会自动形成一个仅仅使用一两扇门的人流。但是，在拥挤的时候，人们会一个接一个地使用其他的门。人们的步伐加快。人们之间的距离缩短。在交通规划中，有这样一个公理，人与人之间的距离应该舒适。在有门槛的情况下，公理正相反。如果人们之间的间隔缩短到 1.2 秒或更少，门就没有机会再关上了。所有的或大部分的门都会打开，而不是聚在一起使用一两扇门出入，人们把他们自己分布在整个出入口处。

所以，产生一个好出入口的途径之一是，有足够多的人群。当然，还有另外一种可能性——为什么不可以干脆把门打开呢？室内花园的入口是按照这种思路设计的。作为新菲利普·默尔森大厦的一部分，建筑师乌尔里希·弗伦岑（Ulrich Franzen）设计了一个很有吸引力的空间，惠特尼博物馆把它作为一种雕塑公园来使用。在出入口，让人觉得受到欢迎，是很重要的。在能源短缺之前，敞开大门是一个解决方法，特别包括在步行区的分区规划中。但是，现在不能不考虑耗费能源的问题。所以，我们走向了另一端，使用旋转门。

为了看看打开一扇大门的可能性，我们简单地研究了使用量很大的出入口。我使用数字秒表以及摄影机录下了高峰时段那个出入口的人流，然后，计算多少人分别使用那个出入口的哪些部分。当时的气候比较温和，出入口的若干个门中的一扇门或两扇门开着。如同在维莱玛丽广场看到的那种现象，大部分人是从打开的门进出的。这并不意味着其他的门是多余的；即使人们不选择使用那些门，那也意味着在人多时他们可以选择使用其他的门，从而减少人们的拥挤感。这样做所产生的绝对效益是清晰的，保持一个小空间开着，比封闭一个比较大的空间要好。在 RCA 大厦的主要通道入口处，在一个拥有 8 扇门的出入口处的一边，开着两扇大门，2/3 的人在早高峰时段通过的是这两扇开着的大门。在纽约中央火车站，大部分从 42 街出入口进出火车站大厅的人都是使用 9 扇大门中开着的那 3 扇大门，它们承担了主要人流。纽约中央火车站的那些大门都是陈旧的，缺乏修缮，玻璃都很少做卫生。当然，这些大门在功能上发挥得很好。

弗伦岑给菲利普·默尔森大厦室内花园所做的设计考虑到了这些简单的发现。从视觉上讲，这个入口处玻璃延展宽度为 20 英尺（约 6 米）。一对自动推拉门在这个入口的中间。天气好，处在人流进出高峰时段，这个门会保持开着，净宽度为 6 英尺（约 1.8 米）。这个宽度足够高峰时段人流的通行了。如果人流超出正常范围，对那些喜欢开门的人，可以选择去打开两边的合页门。天气不好的时候，当人们到达时，自动门会打开。实际上，那里会有一扇一直开着的大门。希望这样的门更多些。

第九章　大厅和巨型商业中心

不幸的是，越来越多进入市中心建筑综合体的入口不是大门；人们驱车到了地下车库，然后使用电梯上一楼，或是更高层的人行天桥。这样，让商业空间避开了大街高程。现在，规划师们正在从大街高程上取消商业空间。在一些情况下，一个有坡度的场地的确需要分出楼层来。但是，在大多数情况下，本无必要取消大街高程上的商业空间，但是，人们还是追求在建筑上搬弄技艺。

为什么？那些建筑低劣的城市想用特殊的建筑综合体来展示自己。比较小的城市似乎特别容易受到影响。在那些具有传统市中心而出了麻烦的城市，官员们被引诱彻底走向另外的发展方向。于是，他们去蒙特利尔或明尼阿波利斯朝圣，带回有关天桥、地下广场和大厅的建筑方案。他们常常没有学到或没有太多去考虑的问题是，这些方案在那些城市得以运行的背景。

例如，明尼阿波利斯的天桥运转得不错。这是有道理的。那些天桥把主要百货大楼和办公大楼连接起来，从而成为市中心的一部分；那些天桥承载了很大的步行人流，在冬季，那些天桥的步行人流更大，因为那里与外面街上的气候隔离开了。人口高密度是重点所在。当这些天桥从市中心向外延伸，人流下降，零售商务活动也下降。

大厅可以成为令人愉悦的地方，维莱玛丽就是一个例子。注意，两个人在大厅里做一个100% 的交谈，那一定是一个很好的昭示

在芝加哥的不伦瑞克广场，建筑上部没什么，而楼下应有尽有

如果商店的二楼布置了起来，在它之下的那层楼会发生什么？如果第二层大大增加市中心的零售总面积，一定规模的市中心可以支撑很多商店。一种新设施的确可能成为推动老城市或新城市发展的动力。但是，也有可能并非如此。如果真是这样，楼上的商店或临街的商店都有可能遭殃，或是两者都遭殃。

另外一个方向是地下空间。作为进出地铁或火车的便利和快捷的途径，长期以来，地下大厅一直很有用处。规划师更看重地下空间的潜力。规划师们认为，作为环境的地下空间，有其自身的特性，它有别于作为购物、餐饮和社交场所的街头巷尾，凸显系统特征。在地下空间示意图上，实线和虚线连接在一起，形成一个综合网络，从完整性讲，它允许人们从中心商务区的任何一个点上到达其他点，使地下空间可以满足他们对中心商务区的大部分需求。

如果规划师必须在这些地下空间里待更长时间的话，他们很有可能对地下空间另有想法。就一件事而言，作为环境，地下通道令人迷惑。如果我们在一个地方待上一会儿，会看到许多人迷失了方向，过来问个路。并不是要一张地图，或是缺乏黑体字的标注；实际上，沿着“你在这里”的示意图，指向性的标志随处可见，但是，人们还是很容易迷失方向。引起这种麻烦的部分原因是，地下系统通常是对称布局的：北走廊 A 可能对应一个镜像的南走廊 B。没有街头巷尾的这种蜿蜒曲折；没有让人可以记住的标志，更没有太阳给人导向。

地下空间，尤其是地下空间的入口处，都是四通八达的。另外，从一个部分到另一个部分，的确有温度上的改变。但是，这种温度变化没有室外温度变化得那样极端，没有极端的温度变化本身就是一个问题；变化不大的气候比变化强烈的气候更有害。我们应该穿什么衣服：在一年中最好的季节里，地下空间里穿大衣会太热，穿单衣又太冷。

作为购物环境，地下大厅适合于布置便利服务——卖报纸、擦鞋、复印、自动取款机，等等，但是，那里不适合出售高端商品。地下商城总有二等货的感觉，这是大部分地下商城给人的印象。低档商品为主。大部分地下大厅里有为数众多的礼品店，台球和电子游戏店，快餐食品店。在一个大型地下商场里，没有多少高质量的商店，因为街道层次不再沿街布置零售商业，所以出现了这类地下商场。这就产生了一种被困而不得已左顾右盼的顾客，当然我们可以拿这些顾客来证明人们喜欢地下空间。

这种地下空间的优势基本上可以在它的示意图上看出来。这类地下商场相当完整。但是，这种完整与大部分步行者没有关系，大部分步行者对这种完整性并无感觉。如果我们察看一下这种地下空间如何得到使用的话，我们会发现，大量的人流集中在主要的连接部分上。有些人可能高兴从A点到

洛杉矶的文德大厦

D 点，再到 Z 点。这种愿望部分源于这些人知道没有多少人知道这种路径。当我们进一步探索某个地下空间的其他部分时，我们会发现，在那些不是主要连接部分的地方，人数明显下降。成本效益比率相同。建设这些部分的成本等于建设主体中那些使用不多段落的成本，运行成本也一样。

蒙特利尔的维莱玛丽广场是地下的，在蒙特利尔运行尚佳。当然，除开地下这一因素外，还有其他一些因素在运转。正如 IDS 中心所处的空间位置，维莱玛丽广场也地处蒙特利尔的核心区，在铁路火车站和主要商业街之间。由于这个场地有很大的坡度，一边是大街高程，所以，通过 4 个小庭院，日光照进了维莱玛丽广场，人们可以使用小庭院里的楼梯进入上面的大广场。如同明尼阿波利斯一样，蒙特利尔的冬天非常冷（我拍摄那扇大门的那天，气温只有 18℉ [约 –7℃]，应该注意到，在这种温度下，凯瑟琳大街上的人群规模不会太大）。再说一句，冬天非常冷是让蒙特利尔地下商场运转起来的背景。

巨型商业中心

城市堡垒是摆脱传统街头巷尾商业形式的最终开发形式。这种城市堡垒式的巨型商业中心——巨大的、多功能的建筑综合体，正在建设起来，包括办公室、酒店和零售商店，如

波士顿法利尔大厅市场恰恰是与巨型商业中心方式对立的另一种方式。大量活动是在街上展开的，街头巷尾成为波士顿法利尔大厅的组成部分

底特律的文艺复兴中心，亚特兰大的泛国际大厦。它们最突出的特征是自足。设计者设想用它们来拯救市中心，它们常常与市中心有些距离，它们一般独立于周边的事物，其实，它们周边通常不过是停车场。这种巨型商业中心是完全内化的环境，有自己的基础设施维持系统。它们把自己封闭起来，使用的是无窗户的墙壁，用水泥或砖块对着大街。

进入这种巨型商业中心最好使用小汽车。我们可以从高速公路直接进入休斯敦中心的停车场，步行通过一座天桥，进入一幢大楼，再进入下一幢大楼，走上一天，然后，再回到停车场，驱车上高速公路，完全没有把脚踏进休斯敦半步。

没有什么理由一定要到休斯敦市中心的大街上去走走，因为那些大街上没有商店的橱窗了。没有商店。没有什么人。唯一的零售性质活动是免下车的银行，仅仅有一个承认步行者存在的标志，闪烁的灯光和标识告诉步行者，留心过往的汽车。

类似堡垒并不是偶然的。它的哲学基础是这样的："是的，它们看起来有些令人生畏，但是，它们只能如此。实际上，我们可以把中产阶级顾客拉回市中心来的唯一办法是，向他们承诺安全。"从精神上，从形式上，州际购物中心被移植到了市中心，社会治安提高了N个高度。保安和电子监控系统把整个商业中心保护了起来。任何种类的可疑活动很快就会受到关注（包括拍照）。从这类城堡之外进入这类城堡的

与底特律文艺复兴中心入口衔接的护墙旁的街

休斯敦中心看上去像一个堡垒，也是按照堡垒建设起来的

桃树广场酒店安装了尖桩的台沿

人数毕竟是有限的，设计上也是明显具有保护性质的。在底特律文艺复兴中心的入口处横卧着巨大的水泥护墙。文艺复兴中心就缺一座吊桥了。当然，它们所传达的信息是清晰的。害怕底特律？没事，进来吧，这里是安全的。

文艺复兴中心争取成为比较大的商业中心。这个巨型商业中心正在与会展和体育设施结合起来。巨型商业中心一般坐落在市中心的边缘或外边，可以通过天桥和通道与巨型建筑连接起来，形成一个几乎完全封闭起来的环路。因此，一些美国城市现在有两个城市，通常的城市和游客的城市。

与会者有时抱怨缺少多样性。下一阶段将会是在综合体中创造相似的街道。迪士尼乐园中有一条街，非常受欢迎；华盛顿特区外的白火石商城有好几条街。使用类似的手法，室内主题公园可以在不威胁到城市的条件下让人们有一种城市的感觉。除开人行道、汽灯、理发店的旋转彩柱、印第安人烟卷店，等等，类似街上展开的活动都可以通过化装的演员表现出来。

另外一种方式首先与真正的街道相联系。在巨型商业中心有一些很有吸引力的地方，优质的酒店和餐馆、商店、瀑布、玻璃吊舱中的电梯、剧场和电影院。孤立一定是它们具有吸引力的条件吗？巨型商业中心的论题在某种程度上是不证自明的。当人们走进巨型商业中心，这表明人们正在寻求躲开城市和它的不安全性。果真如此？人们去桃树广场中心是因为桃树街边的台沿上安装了尖桩？那里没有尖桩的时候，他们就去过。人们去文艺复兴中心是因为那里有护墙？证据表明，他们去那里是因为那里有吸引他们的东西。这些有吸引力的东西并不需要与那座城市分开才能令人愉悦，其实，在不与城市分开时，这些有吸引力的东西会更令人愉悦。法尼尔厅市场见证了这一点。这个市场是有些拼凑的，但是，它的确是一个真实城市的一部分，它具有一种场所愉悦的感觉。

这种感觉正是巨型商业中心所缺少的东西。人们总是觉得巨型商业中心缺点什么。晚上？白天？春天？冬天？我们在哪里？我们看不到巨型商业中心的外边。我们不知道，我们在哪座城市里，或者，完全不知道我们是否在一座城市里。这种巨型商业中心可以在机场或新城里。可以在东方，也可以在西方。背景音乐不能给我们任何提示。哪里的巨型商业

从桃树广场看桃树街

中心都一样。我们可以在国外或在一个卫星上。我们处在一个普遍受控制的环境中。

这将是一种十分过时的模式。就在它们进入淘汰期之后，交通形式和随之而来的文化已经历史性地产生了它们最精致的表现。巨型商业中心可能与巨型建筑和高速公路时代相伴，巨型建筑和高速公路培育了它们。它们是过去时代的最后的震荡，它们是未来城市的一种可悲的模式。

第十章　较小的城市和场所

让一个城市的广场或小空间成功的因素是否也能让其他地方成功呢？一般来讲，答案是肯定的，当然有一个关键变量需要注意。这个关键变量就是规模，规模对比较小的城市特别重要。我们有许多理由说，在比较小的城市创造有活力的空间比大城市要更困难。

大城市的市中心人很多。高密度的人口会引起问题，但是，它也给大部分中心商务区所具有的开放空间提供了潜在的使用者。在一个每小时 3 000 人通过的场地上，虽然设计会造成很多失误，但是，这个地方依然会使用得不错。

俄勒冈首府塞勒姆的里德歌剧院被改造成为包括商店和餐馆在内的商业综合体，增加了这个城市的场所感

较小的城市并不是大城市的压缩版。有些比较小的城市的确有紧凑、明确的中心，有些很优秀的建筑物，让市中心成为市中心。但是，许多比较小的城市并不紧凑；它们拆除了旧建筑，也没有什么替代它们，留下了很多开放的空间。停车场和车库主导了土地的使用功能，常常超过市中心土地面积的50%。这一点也在一些大城市得到了反映，如休斯敦。休斯敦的市中心具有一些很优秀的元素，但是，这些优秀的元素被停车场肢解了，不能很好地相互联系起来。

许多城市通过在市中心之外的地方再开发新的“市中心”而分解了原先的市中心，或让市中心的元素之间难以相互支持。市中心的元素之间不需要有太大的距离。如果我们必须开车，距离6个街区的地方可能有1英里以上。城市元素相距甚远是许多城市面临的问题。例如，堪萨斯市的皇冠中心距离中心商务区有11个街区，但是，这两个中心依然或多或少没有连接起来。

人口在10万—20万的城市不只是大城市的缩小版。相对而言，较小城市市中心覆盖的空间大于较大城市市中心所覆盖的空间。较小城市市中心的街道比较宽，步行者密度要低很多，中心商务区任何一个地方的人都要比较大城市中心商务区任何一个地方的人要少。人行道上的人数是一个不错的指标。中午时分，如果人行道的通过人数不足每小时1 000人的话，这个城市可以为这条街所产生的差别而兴高采烈。人

& CROCKATT CLOTHI
NDERSON

这个根本因素正在丧失。市中心必须有的是，更多的商店、更多的办公室、更多非去不可的理由。

有些城市禁止小汽车驶入某些主街，把那些主街段转变成步行购物广场，以振兴市中心地区。这类购物广场有些运转良好，有些则不然。问题是各种各样的。对一定数量的人和活动来讲，这种购物广场可能太大了。这一点可能正是比较小的城市的问题，小城市一般都会有最大的购物广场。

这类城市所要做的是压缩。许多这类城市的建筑密度在改造之初都是非常低的；在一些城市，大部分建筑的高度不过2—3层楼高。分散在许多市中心地区的那些活动和人本来是可以聚集在一起，压缩到2—3个街区，形成有规模的体量。而现实状况不是这样，这些地方看上去都是那么凄凉。人们对那里寄予许多愿望，许多期待，人们在那里建设了许多喷水池和雕塑，但是，那里近乎空空如也。

郊区购物中心，尤其是那种紧靠高速公路的郊区巨型购物中心，在竞争中让较小城市备受伤害。与那些在竞争中败北的城市相比，运转良好的郊区中心在空间使用上更城市一些。郊区购物中心的确被巨大的停车场包围着，这些停车场平常大部分空闲着，仅在购物高峰的那些日子里使用。新的郊区购物中心不像早期的线状购物中心，这种新的郊区购物中心是高度集中、一站皆有的地方。我们驱车到一地买一种东西，再驱车去另一个地方买别的东西。我们进入的是一个

在许多小城市，都时兴有第二个街道层面。但是，这种方式让街道活动被分散了。最成功的街道把若干层楼的活动都放到一个街道层面上，如塞勒姆。纽约的麦迪逊大道（前图），第二层的商店成为整个街道的内在组成部分

封闭的步行系统，事实上，像一个庞大的顾客处理机。

郊区购物中心可以成为一种市中心模式吗？现在，有些城市的确这样认为。为了战胜郊区的对手，有些城市邀请开发商在市中心建设购物中心。开发商的反应是，复制他们的郊区购物中心的开发模式，几乎不做什么调适：人们驱车而来，这些水泥盒子式的建筑物与人行道或周围建筑物没有什么关系。这些迷你商业中心可能对经营中档商品的商人是不错；在郊区，这种商业中心还是一种社会交往中心。但是，郊区购物中心的开发模式并不适合于市中心。郊区购物中心的开发模式恰恰是市中心应该拥有的商业中心模式的对立面。

当城市充分发挥它们的特征时才会是最好的。例如，人们曾经认为，在俄勒冈的首府塞勒姆，建设一个郊区购物中心，包括一座或两座令人目眩的天桥，是塞勒姆城最后和最好的希望。但是，这种模式似乎总有些不像是塞勒姆的。市政府决定采用相反的方式。用恰当规模的建筑物来填充空置的空间，在人行道上安装玻璃天篷，把小巷转变成购物通道，在那些突出的地段建设步行空间和坐凳区。一个旧歌剧院被改造成为购物综合体，结果不错，其他旧建筑的改造也可以效仿。总之，塞勒姆采用的是一个因地制宜的规划。

那些成就斐然的城市都对它们市中心的历史建筑实施了保护和再利用，这一点很重要。优秀的历史性建筑本身是值得保护的，与此同时，通过保护这些建筑，城市获得超出被保护建筑本身的更大收益。这些建筑对城市开发加以约束。建筑师和规划师青睐一张白纸。实际上，在没有白纸的时候，他们通常会做得最好。建筑师和规划师必须面对很难处理的点、线和空间，那些人们钟爱的旧的标志性建筑，非理性的街道布局和其他各类限制，建筑师和规划师常常做出他们最好的与邻和谐的设计。

第十一章　三角效应

我们已经阐述了让一个场所运转起来的基本因素。当然，还有一个因素。我称这个因素为三角效应。三角效应的意思是，某些外部刺激推动了人们之间的联系，刺激陌生人之间的相互交谈，仿佛他们并非陌生人一样。设想两个人站在街头，第三个人出现了。这个人举起一个标志，开始大谈单一税的问题。这件事把站在街头的两个人联系起来。对面前那场人间喜剧，他们偶尔做些交流，使用的语调通常像是很亲近的朋友。

街头巷尾的那些传统特征使城市比较和睦。梦古先生是

纽约市中心的自愿交通协管员，他总是引来围观者，他的工作把志愿者们吸引到了一起。站在我们旁边的那个人乐于告诉我们关于梦古先生的故事，或问我们他是谁。一个衣衫不整的妇女正在戏弄举止庄重的人，向孩子们吐痰，这是很令人沮丧的。陌生人之间对此交换眼色。当然，他们也会意地一笑，仿佛他们与这个妇女是一条战线的。

这种外部刺激可以是一个形体对象或情境。在布鲁克林高地海滨大道上的一个小公园里，有一个可以看到东河对岸下曼哈顿大楼的角度。这个地方是陌生人之间相互开口交谈的场所。当我们到了这样的地方，不与人交谈是一种粗鲁的行为。

雕塑具有很强大的社会效果。对大通曼哈顿广场建设前后的对比研究显示，设置迪比菲（Dubuffet）的“四棵树”已经影响到了步行者的活动。这个雕塑吸引了人们，让人们通过“四棵树”：人们站在“四棵树”之下，站在“四棵树”旁边，他们触摸“四棵树”，他们谈论“四棵树”。在芝加哥的联邦广场，公共艺术大师亚力山大·考尔德（Alexander Calder）的巨大雕塑也具有类似的效果。

音乐和娱乐表演把人们吸引到一起。洛克菲勒广场和芝加哥第一国民银行有规律地组织行进的学校乐队、摇滚乐队等在广场里表演。正如我们在讨论露天剧场效应时提出来的那样，真正的表演通常是观众本身。许多人会相互观望，就像他们盯着舞台一样。

这个街头乐队吸引了人们

雕塑也吸引了那些喜欢摸摸雕塑的人们，如不锈钢制作的“四棵树”（左）和“抹布女”（右）

小城市空间的社会生活

各种各样的表演都会吸引路人

列克星敦大道最好的橱窗可以看到圣彼得教堂的内部。经过那里的人们，停下脚步，朝里看看，“哇！”“这不是我想象的教堂！”“它不漂亮吗！”

这种很重要的行动并不多么优秀。关键是这种行动会把人们吸引到一起，有时，不好的行动比好的行动更能吸引人。例如，街头艺人可能表演得非常糟糕。这些糟糕表演中最好的一种是年轻的魔术师，他们的表演很烂，而且知道结果，于是，我们被迫与相邻的人交谈起来。随着魔术师的调侃，观看者自己的调侃也越来越多了，相互交流着看法。在这个过程中，魔术师收到了不错的施舍。

当然，优秀的表演者最好。其中就有小丑。在一个典型的情况下，小丑走向两个打扮像白领的青年人，在空中画了方块。众人大笑，这两个白领也笑了。警察是一个很大的衬托。当他们中的一个横跨广场时，小丑会跟在他的背后，模仿他的步伐。警察掉过头来，大笑，与小丑握握手。众人笑了起来，吹口哨表示欢迎。

最常见的是年轻的杂耍者。当他从众人那里收钱时，他试图靠近一个警察。如果一个警察正在附近，自得其乐，这个杂耍者突然后退，大声央求警察，不要再打他了。人群对警察的粗暴表示愤怒，施舍更多的钱给这个杂耍者。

街头巷尾行动的价值是那些行动的不可预期性。当人们围绕一个表演者形成一群人时，大约也就是40—50秒的时间，这些人看上去像孩子一样；有些人不过是简简单单地露出愉悦的微笑。这些时刻是真正的消遣娱乐，尽管很少有人这样想，当然，商店老板并不这样看，他们总想驱赶商店门口的这些表演者。但是，那些地方存在很有价值的东西，应该加以培养。

为什么不把这些逗乐的人邀请到广场上来，而是禁止他们？一家大公司正在考虑欢迎大街上那些最好的表演者到他们的新大楼门前来。这些表演者会同样得到可观的收入。

具有三角效应的大部分因素本身都是有用的。仅就审美而言，迪比菲的“四棵树”大大改善了大通曼哈顿广场场所的规模和意义。当然，社会影响是重要的。通过观察它们，我们可以找出如何预测它们和规划它们。

我并不是要说，让广场成为最美的地方，成为社会的指导者。没什么规矩挺好的。简单地讲，我所提出来的是，让这些城市公共场所更友好一些。我们知道如何做到这一点。在空间的设计和管理上，我们有许多种办法让人们更容易在这些城市公共场所里交流和相会。朝这个方向迈进的想法总是好的。

不要小瞧了零星的空间

在我给本书画上句号时，让我对大空间说一句话。这本书强调了小空间。当然，这并不意味着放弃对大空间的希望。有时，我们这样提出问题，是一个中央公园好，还是把相等的空间分成更多的小公园好。大公园和小公园没有可比性。中央公园是大尺度上的一个宏伟空间，小公园的集合不可能

临时艺术画廊

达到中央公园对纽约的贡献。我们应该再说一句，因为弗雷德里克·劳·奥姆斯特德（Frederick Law Olmsted）的天才，中央公园实际上也是由无数小空间组成的，人们正是按照小空间的方式去感受中央公园这个大空间。

但是，事实上，在可以预见的未来，城市中心的机会是向小空间展开的，而且，存在着大量的机会。成本的确不菲，甚至使用奖励分区规划，也包括了昂贵的交易。成本之所以

57 街和麦迪逊大道交叉口银行大厦的两个窗台，是纽约最好的地方之一。它常常阳光明媚，又避风

高是因为很多人得到了服务。一些地方的成本的确不高，但是，结果并非是我们期待的。

另外，一些最宜人的空间可能是剩余的空间、凹进去的空间、零星的空间和空间的尽头，它们的存在纯属偶然。57街和麦迪逊大道交叉口，有一家银行，这个建筑有两个窗台。这两个窗台都很低，人们可以坐在上面，因为是凹进去的，所以，可以避风。那里整天阳光明媚，人们从那里匆匆走过，建筑的拐角处，有一个出售新鲜果汁的小摊。这是一个非常美的城市场所。还有其他一些此类场所，大部分是一不留神而形成的。如果有人刻意去规划这类空间，可以想象后果会是什么样。

汽车站常常是和谐的地方，更多的地方也能效仿。看看那里的人，我们会发现，许多人并不是在那里等车。他们不过是喜欢这个地方的活动。汽车站的设施也就是一两条长凳，一个公共汽车牌而已。如果加上一个遮阳篷，等车的空间再大一点，这个地方会变得更宜人。为什么不做成车站小公园呢？在蒙大拿州的比林斯，人们在车站里多设置了几条长凳，种上树，于是，就成了一个小公园。这样的地方很可能会成为这个城市最好的相会场所。

街上的设施也能让一个场所更美好，当然，这些地方常常是不经意的，而非刻意的设计。垃圾箱就是一例。纽约市投资几百万沿街安装水泥垃圾箱。作为垃圾箱，效果不佳，垃圾箱顶成了分拣垃圾的地方。当然，把这种垃圾箱用于其他目的，效果还是不错的。人们把垃圾箱顶当成了小桌，有时坐在上边，把它当作台沿，整理自己的旅行袋。

这里似乎有一个经验。消防栓和消防竖管都让人可以用来系鞋带，消防竖管还是一个可以坐坐的地方。为什么不做个架子？如果建筑物外加一个台沿，高 4 英尺到 5 英尺（约 1.2 米到 1.5 米），我们可以看看会发生什么情况。在这个问题上，日本人比我们更有创新性。在一些百货大楼入口处的

TING
'S MOST
NEW OFFICE
650 FIFT
650

人行道上，他们建造了一些台沿，供人们坐坐，在上面安装些设施：烟灰缸、长凳、电话亭。空间不大，但是，那些空间的利用率很高，也利用得很好。

我们没有多大的人行道空间，当然，我们打算有更多的人行道空间。我们给车辆提供了不成比例的街道空间，现在是开始取回一部分街道空间给步行者的时候了。为了满足联邦政府的空气质量标准，一些城市可能必须减少市中心街上的停车位。这样做可以腾出一道或两道的道路空间。不是把空间转向车辆，而是把空间拿回来，建设人行道。如果真这么做了，就有足够的空间布置步行者使用的公共设施，如公共汽车站公园，坐坐的地方和人行道上的咖啡店。

总而言之，我正在谈论繁忙的地方。很忙？很多人？我并不这样认为。正如我们看到的那样，人们有很好的数字感，他们知道哪个数字对一个场所是适当的，他们会决定一个地方有多少人就算多了。另外，他们并不寻求躲避这样的地方。如果他们真这样做，他们早就去那些空空如也的地方了，那里没几个人。实际上，他们并没有这样做。他们去那些热闹的地方，那里有很多人。他们去那里是自愿的，他们不是逃避城市，而是分享城市。

对人们钟爱的地方倍加鼓励，找出那些人不那么多的地方，特别关注那些人们聚集和使用很有效率的小空间。

在本书的末尾，我要赞美小空间。小空间的乘数效应是巨大的。这种效应不只是就使用这些小空间的人数而言，实际上，还是就经过这些小空间的人的感受而言的，很多人不过是路过那里，他们很喜欢这些小空间的感受，或者更多的人觉得城市中心有了这些小空间，感觉更好。对一个城市来讲，这样的小空间是无价的，无论花多少钱都是值得的。这些小空间是由一组基本元素组成的，它们就在我们面前。

但愿我们去瞧上一眼。

附录 A

延时拍摄[①]

为研究人们在公共场所的行为，我们正在找一个理想的设备，我们可能会想有这样一些选择，一台小巧、不起眼的摄影机，这个摄影机可以：

覆盖任意想要的角度，从广角到长焦特写；

使用电子钟的典型延时拍摄设置。困难的评估工作证明这个钟非常有用，提供了一个识别标记

安装在一个繁忙街头的摄像头，它用来对繁忙街头展开有规律的、缓慢运动的和延时的研究

自动按照设置的时间间隔拍照，从半秒到 10 分钟不等；
自动拍摄，时间长达 48 小时；
自动改变光圈，适应从黎明到黄昏的光线变更；
记录下拍摄每张照片的精确时间，时间精确到 1/100 秒。

随着“超 8 摄影”大众市场的增长，它的一个副产品出现了，这是一种小巧、轻型、性能极佳而便宜的摄影设备。有了这种设备，作为一个观察者，我们如虎添翼，可以同时研究许多地方，其精确度和耐力都是人所不及的。我们可以把成果储存起来，以后把它们调出来研究，也可以用戏剧性的方式加以编辑，以引人注目的形式来播放。

我们以为延时摄影技术在各个领域得到了广泛使用，包括小学、中学、大学、规划委员会、公园和休闲娱乐部门、交通部门、购物中心和商业开发商，其实不然。这类应用的确有了一些苗头，而且热情高涨，涉猎广泛，但是，持之以恒的凤毛麟角。[②]

---

① “延时摄影是以一种较低的帧率拍下图像或者视频，然后用正常或者较快的速率播放画面的摄影技术。在一段延时摄影视频中，物体或者景物缓慢变化的过程被压缩到一个较短的时间内，呈现出平时用肉眼无法察觉的奇异精彩的景象。延时摄影可以认为是和高速摄影相反的一个过程。”引自百度百科。——译者

② 参见 Gerald Davis and Virginia Ayers，“Photographic Recording of Environmental Behavior”，in W，Michelson，ed.，*Behavioral Research Methods in Environmental Design*（Stroudsburg，Pa.：Dowden Hutchinson & Ross，1975）。戴维斯等已经大量使用摄影方法来分析环境，他们在使用延时摄影技术和设备上所取得的经验，在关键问题上，尤其是在评估和摄影时间的精确性上，与我们的经验别无二致。我们使用外接时钟；他们使用直接把时间记录在每一张胶片上的摄影机。

我想我知道为什么。我们的研究一波三折，苦苦挣扎，犯过各种各样的错误。但是，由于我们的研究延续了很长的时间，所以，我们有再做一次的机会，最终取得了一些简单却重要的经验。评估很关键。摄影不困难。胶片显示了实际情况，甚至很有趣。但是，当我们开始分析一张张胶片，考虑这个影片究竟告诉了我们什么，究竟意味着什么，我们会发现，这是相当耗时的分析过程，不要很长时间，我们就会觉得枯燥乏味。于是，分析过程会停下来。除非我们掌控了这个阶段，否则，我们的分析过程不会持续下去。

实际上，我们有办法绕过枯燥乏味，加快评估，在分析过程中，让影片所反映的问题更清晰。正如我会提到的那样，分析过程谈不上趣味盎然，但是，所有这些小画面里的确蕴藏着许多故事，找出它们来会很有价值。

设 备

我们首先来看看基本设备。我们使用的是“Braun Nizo S-56 超 8 摄影机”。这种摄影机把大量功能集于一体，包括了内置的定时拍摄装置，从每秒拍摄 6 张到每 10 分钟拍摄 1 张。这种摄影机装有精致的 Schneider 7 毫米—56 毫米变焦广角镜。这种特殊摄影机不便宜。最新型号的 S-560 的价格大约为 500 美元，折扣店可能买到 300 美元的。当然，有定时装置的便宜摄影机一直都在不断上市。工作不错的有 Minolta XL 401，折扣后的价格大约在 170 美元。这种摄影机非常小和轻便，内置定时器和 f1.2 镜头。变焦范围为 8.5 毫米—34 毫米，当然，这种摄影机是广角的，能够满足我们的大部分需要，使用辅助镜头，还可以进一步扩宽角度。

摄影机布置

布置摄影机应该不困难，但是，的确不易。首先，我们必须找到一个高处。理想的位置应该是可以从低的、倾斜的角度，清晰地看到步行者的一个位置。例如，对于一个街角来讲，这个位置意味着，街对面 2 层—3 层楼的位置上，很有可能是在一座办公楼上。这个位置应该足够安全，我们可以在那里设置摄影机，不用我们在场，当然，如果那里有人工作肯定不理想。一开始，他们会对这个项目感兴趣，也很友好。过了一段时间，他们会觉得这个支架对他们有些妨碍，于是，开始那种客气的氛围很快就会消退了。

窗户后应该有足够的空间，这样，摄影机可以往建筑物里边退一点，让街上的人不那么容易看到它。因为我们可能会遇到反光问题，所以，我们应该打开窗户拍摄。如果窗户打不开，我们就应该反复清洗窗户。实际上，没几个人这样做。我们一直面临的最大技术挑战之一是，如果窗子打不开，玻璃也移动不了，该怎样清洗玻璃外面。

有时，我们发现，最好把摄影机安装在房顶或阳台上。我们要想办法把摄影机固定住，这一点至关重要。摄影机坠落或被吹落到大街上是一个很现实的危险，后果相当严重。所以，当时必须给我们的研究小组投保，偿付不菲的保险金。我一想到可能发生的危险，就觉得投保不亏。

建筑物的边缘或一个标志可能遮蔽了我们研究地区的若干部分，这很正常。不用担心。我们可以在地面上研究这些被遮蔽部分的正常使用与剩下部分之间的联系。这种关系通常是不变的，对一个地方很大部分的观察，会让我们比较准确地掌握整体。

时钟布置

我们会想在画面上有一个时钟。这个时钟的意义并非告诉我们时间本身，而是让我们标志摄影画面在整个系列中的位置。当我们开始评估摄影时，我们会发现我们前后倒影片，追踪人们的行动，这样，我们很容易找不到画面在整个系列中的位置。黑暗中的 3 个人与被堵在出入口处的 3 个人是同样的 3 个人吗？如此之多的偶然事件就像这个事件一样，让我们很容易混淆了谁先谁后。一系列画面上每张画面的号码是无价的。这就是时钟告诉我们的东西。

时钟的位置很重要。应该在画面下部清晰地看到它，时间应该显示到秒。最初，我们使用尺寸很大的二手报时钟。现在，我们使用的是显示 6 位数的发光电子钟，晚上用极好。只要 110 瓦就够了，不过，不久以前，应该只有使用电池的电子钟。

关键是钟的位置，让它紧挨着摄影机，可以清楚地看见它，而尽量远离我们所关注的剩下的场景。

在使用广角镜的情况下，景深是足够大的，所以，在背景成为聚焦面时，把钟安排在离开摄影机 3 英尺的地方，应该还在聚焦范围内。只有在光线非常不足，自动光圈全方位打开时，时钟可能不在聚焦面上。一定要有一个容易使用的景深表，这样，我们就会知道超出焦距的距离是什么，知道最能横跨背景和前景的设置是什么。

镜头设置

镜头的角度应该定得多宽呢？在大多数情况下，越宽越好。如果我们把镜头角度缩小到长焦，我们会得到更多特写的细节。可是，在正常情况下，我们并不需要特写。我们需要的是这个场景的背景，可以这么说，我们需要的是舞台的各翼。例如，我们研究街角，我们应该包括大街两边至少 30 英尺长的人行道。人们从哪里来，去哪里，是很重要的。

我们与警察合作展开了对游荡人员的研究，在这项研究中，我们发现包括场景的背景相当关键。警察要求我们研究42街上一个酒吧的入口，很多毒贩在那里会合。警察要弄清，警察周期性地在那个地方巡逻，会对毒品活动产生什么影响。这些毒贩非常厚颜无耻，白天黑夜都出现在这个酒吧门前。但是，的确有活动放射性地延伸到大街两边40英尺的范围内，为了弄清酒吧门前所发生的，我们必须了解周边所发生的。当警察出现，或站在酒吧附近时，这些毒贩离开了那里，但并没有走多远。在这种情况下，我们使用了两台摄影机，一台具有极宽的角度，另一台设置为正常聚焦长度，对酒吧本身做比较详细的拍摄。（我们偶然发现，当警察离开酒吧，毒贩大体在20—50秒的时间内重新出现。）

时间间隔

所有的事情都一样，拍摄每一个画面的时间间隔越长越好。在摄影机非充电不可之前，如果拍摄每一个画面的时间间隔长一些，摄影机当然可以工作更长的时间。作为一个经验法则，我们是这样计算的，拍摄每一个画面的间隔秒数等于这个影片将延续的小时数。我们在广场设置的记录模式为10秒间隔。这就让我们早上8点把摄影机安装起来，一直让它运转到下午6点。每个画面之间间隔10秒对评估也很有意义。我们可以简单地用10秒乘上每一个画面来计算整个影片的时间。

当然，每个画面之间的间隔必须足够短，这样才不至于丢失掉任何重要时刻。对于人们的入座模式来讲，10 秒是可以的，但是，如果我们研究过街的步行运动，每个画面之间的间隔还要再短些。2 秒大概是正确的。如果时间间隔太长，有人会消失在两个画面之间。

在这种情况下，最好设置两台摄影机：一个设置为最大可能的角度和长时间间隔，另一台摄影机设置为比较窄的角度和比较短的时间间隔。设置两台摄影机并不比设置一台摄影机多费功夫。

我们应该在每一卷影片上记录下时间间隔和其他数据。一种方式是在纸上用大字记录下地点、日期、时间、间隔和焦距设置：拿着这张纸，在摄影机前 3 英尺的地方，录下 3 秒长的影片。我们还应该正常记录下这些资料，与就要去冲洗的胶片卷放在一起。千万不要忘记这样做。如果我们做了大量摄影，我们会发现，我们的记忆真的不够用。

影像材料

常规柯达胶片的品质是一流的。分辨率和对比度都很高，色彩鲜艳。柯达彩色胶片质量也非常高，以后破损的可能性很小。柯达彩色胶片的分辨率完全可以满足我们的任何需要，拿这些影像做分析是足够好的。我有一台完整的 16 毫米的延时摄影机，非常昂贵，也很笨重。但是，在一些特殊情况下，如要做光学拼版时，这种摄影机可能占有优势。

柯达胶片是用来做投影的，如果把未经加工的胶片直接在小屏幕上投映的话，与冲洗出来的 16 毫米照片别无二致。在电视节目上，我既使用了超 8 摄影机拍摄的影片，也使用了 16 毫米的照片。二者之间没有明显差别。

超 8 小尺寸摄影机有一个弱点。胶片上的任何污垢或痕迹都会放得很大，尤其是在胶片上出现污垢的情况下，更是如此，这种污垢会积累在摄影机光圈挡片的边缘。不难清理掉，但是，这些污垢会留下一个永久性的痕迹。所以，必须记住用棉签蘸酒精来清理光圈挡片。

超 8 摄影机还有另外一个弱点。摄影片很难冲洗成正常的相片。柯达胶片的高对比度在复制中更鲜明，所以，比例失调。其他胶片可能冲洗照片比较好，但是，摄影效果不是很好。对于纪录片来讲，要在中型或大型礼堂里放映，所以，必须使用 16 毫米胶片。

看片器和投影仪

看片器是我们用来做评估的主要工具。看片器内部装有一个旋转棱镜机械构造，它让胶片不会接触到看片器的硬表面。我们可以来回卷动胶片而不会损伤胶片。这种看片器的不足之处是，它产生的图像有些不太清晰。尽量找到高质量和使用适当的看片器。多花这点钱是值得的。

投影仪也可以用来做评估。我有一台柯达投影仪（Ektagraphic），可以以不同速度放映，一帧一帧地推进。这种设备非常昂贵，非常重，像许多种投影仪一样，可以放映胶片。一群人一起做分析时，投影仪当然很好。不过，日常的分析还是使用看片器比较好。

用多速控制的小型投影仪放一段影片会是不错的选择。这类投影仪的价格在 100—150 美元之间。如果想一帧帧放映的话，投资会大一些，不过，没有必要这样放映。无论使用什么投影仪，给片门做清洁总是一件很重要的小事。如同对待摄影机一样，我们应该强制性地不断做清洁工作。一点点污垢都会影响到整个投影效果，如果原始摄影片本身有污垢，效果损失就大了。

无论我们如何让投影仪保持清洁，投影仪反映出来的影片总会有些粗糙。所以，我们面对的困扰是，冲洗出来的照片保证了拍摄的真实性，但是，直接观看拍摄下来的胶片效果要好得多。我们可能会跟着感觉走，直接观看拍摄下来的胶片。部分解决办法是给原始的胶片做一个涂层。明尼苏达矿业及制造公司开发了一种加工办法，可以给胶片涂上一层保护膜，以免划伤。现在涂层加工的价格是，每英尺 16 毫米胶片 3.5 美分，最终也会用到超 8 胶片上。

我们会发现，在与感兴趣的群体做研究交流时，延时摄影是非常有效率的。可以预计，当观众看到录像上那些匆匆忙忙的人们时，一定会笑起来。但是，观众会很快产生印象，觉得个人参与到了其中。那就是他们自己地区的高度浓缩起来的现实，他们自己就可以做结论了。他们这样做了，这就是为什么那些结论对他们总是很有说服力的。

这个过程对商人特别重要。有些商人对他们周围的步行生活存在不准确的看法，对于几乎所有的市中心改造项目，商人们总是担心，公共设施会把不受欢迎的人引来。在这种情况下，我们对一些测试的长凳做了若干天的不间断摄影。这些长凳呈现出了毋庸置疑的成功，老人们很好地使用了这些长凳，没有看到任何一个人，包括不受欢迎的人和别的什么人，在这些凳子上躺下过。商人们看到了，也信服了。

夜间摄影

非常快速的镜头，如 Minolta XL，与柯达高速爱克塔反转片结合起来，可以得到非常好的夜间摄影效果。在我已经提到的那个警察研究中，主要照明源是那个酒吧门前的一盏路灯。从我们开始摄影的那天晚上，街灯熄灭了，以后的三个晚上，那盏路灯都没亮。唯一的光线是酒吧自己的反光。即使这样，这个光线对夜间摄影也足够了。我们采用过度显影的办法来弥补这个片子有些光线不足的部分，看上去很像曝光过度。

慢镜头

我们有时使用慢镜头。每秒拍摄 48—64 帧，我们很快消耗掉了大量胶片；要持续分析下去，的确十分昂贵。当然，还有另外一种选择：回放慢镜头。如果我们要详细分析一组连续画面，我们可以制作让每一帧前后相继的画面重复 4 次的复制品。这样的复制品没有真正的慢镜头那么流畅；有些断断续续，就像电视上的即时重播一样。当然，这是一种不错的说明方式。

“快棕慢蓝”就是一个例子。在分析上百英尺步行者横过马路的影片时，我们得到了一个行人过街的技能范例。一个身着棕色上衣的男子旁若无人地横穿马路。身穿蓝色上衣的另一个男子正在慢慢地对着身着棕色上衣的男子走过去，两人正处在直接相撞的过程中。就在这个关键时刻，身穿蓝色上衣的男子把他的左手举到他的头上；身着棕色上衣的男子随即失去平衡，停下来，向他自己的右边跨了几步，然后继续走下去。在正常速度下放映，这个系列画面无非就是两个行人在过街。但是，定格图像分析显示，这种运动是如何复杂和巧妙。

街头摄影

有些活动，脚步运动、门厅中的行为、过马路的模式等，最好使用正常速度摄影，而不使用延时摄影或慢镜头摄影。我使用 16 毫米摄影机拍摄这类活动。的确昂贵一些，但是，这样做有若干优势。我在一间完全黑暗的房间里，拍摄一个亮的数字钟，让这个数字钟出现在胶片图像的右下角。我做了若干卷影片，然后倒转它们。这样，我就有了所谓预先设置时钟的影片了，无论我拍摄什么现象，每一帧画面上都有一个数字。这个数字并非精确的时间，但是，它精确地显示了已经过去的时间。

我们大量的研究性连续镜头都是日常生活情形下的步行者，他们的会面礼仪、他们如何说再见、闲谈模式，等等。使用延时摄影，有些镜头是在使用广角和长焦方式的高处拍摄到的。但是，大部分镜头是使用手提摄影机在视线高度上拍摄的，尽可能近地拍摄到人。

忠告：靠近点儿。不错，我们想要的是无惊扰，但是，主要问题还是要良好地呈现拍摄对象，这常常意味着近距离。如果我们不这样做，我们的拍摄对象会被路人挡住，我们会丢掉很重要的细微差别、动作和表情。

声东击西是不被察觉的关键。有段时间，我们试验直角镜附件。很麻烦，有时突出了虚假的部分。我们发现，使用比较简单的技术，我们就可以在不被拍摄对象察觉的情况下靠近拍摄场地。以下介绍我们是如何做到这一点。

不要举着摄影机。把摄影机托在手上，这样，摄影机对准的是人行道。通过实践，我们会发现，可以相当精确地拍下这个场景。我们在摄影机的顶部装上气泡水准仪。当气泡显示摄影机略微上倾时，拍摄对象会正好处在摄影机的中心。当我们把镜头设置为最大角度时，实际上已经给了相当大的误差范围，几乎没有对焦的问题。

不要直接盯着我们的拍摄对象。进一步讲，不要让人察觉我们正在拍摄。如果我们的目光与他们的目光相遇了，他们会瞬间觉察到我们正在做什么。用余光就足够了，这样，好像是在看别处，其实，完全可以掌控我们的拍摄。

超 8 摄影机对此是有些优势的。超 8 摄影机很小，拍起来几乎没有声音，我们可以迅速更换胶卷。最重要的是，我们周围有很多人都拿着超 8，这样，我们看上去不过一个游客罢了。

当然，使用 16 毫米摄影机，我们可以做些近距离拍摄。例如，我在旋转型比尤利摄影机上使用了 10 毫米广角镜。的确有噪音问题，但是，这个噪音不是摄影机的电机运行时发出的声音，而是电机停止时发出的咔嗒声。所以，我试着在结束拍摄前，把它移开或配合街上的噪音按动开关。

无论我们采取什么方法，有一种人总会盯住我们，那就是孩子。他们会提出令人头疼的问题。嗨，先生，哪个频道播放这个节目？给我照张相。他们在镜头前做鬼脸。没有什么办法，给他们拍些照片，等他们离开后，我们再开始工作。

安 全

摄影会冒犯隐私。这是纪录片拍摄的一个问题，不错的规则是，不要公开人们的尴尬或有损他们声誉的情形。对于用于研究的影像，每件事都是一个恰当的对象。当然，我尽量不去触及真正私人的事情：争吵中的两个人，正在痛哭的人。当然，大部分日常生活都是公开的，从研究角度出发，这些都是很有意义的。

比较大的问题是安全问题。有些人非常反感被拍摄，特别是街头小贩、在街头设局行骗的人，等等。他们不喜欢把他们拍下来，我经常受到威胁。还有一些怪人，他们误以为没有他们的允许，在街上拍照是非法的。最糟糕的是那些没有被拍下来的人，他们反对别人被拍下来。在这种情况下，聪明的办法是，不争论，消失掉。

真正的危险是拍摄非法活动，特别是那些我们并不认为是非法的活动。我们在 101 街地块中段一幢建筑的 4 层楼安装了摄影机，目的是观察露台和消防通道上的社会生活。不久，挂着其他州车牌的凯迪拉克开始出现，停在这幢建筑的对面，楼下门口有人活动。一场海洛因的批发活动正在进行。这是最危险的一次。我们当时就决定撤了。另外一次，我们把摄影机对准了一个破旧旅店周围拉皮条的、妓女和毒贩。终于有人发现，一个瞭望用的望远镜正在向人们预警，警察的车就要来了。一天，我们在录影带上看到这台望远镜正对着我们的摄影机。于是，我们撤退了。

评 估

现在，该是坐在一台看片器前，一帧一帧研究影片的时候了。这是整个过程的关键点。我相信，之所以没有怎么系统地使用延时摄影的主要原因是，没有掌握这个乏味和充满歧义性的阶段。重申一次，延时摄影并不省时间；它耗费时间。

在展开评估时，我们会发现，有些活动相对不难评估。研究街头交谈就是很好的一个例子。我们通过看片器看片子，看到人们这样和那样的运动，那些没有动的人倒是清楚地凸显出来。他们何时到达，在那里待了多长时间，很容易注意到。我们把这些数据叠加到图上。为了做一张简单的图，我们把胶片投影到看片器的镜面上，追踪这个场景。

大部分活动是比较难以评估的。问题与在大街上所做的直接观察相同。面前的信息让我们眼花缭乱，我们去看每一件事，有可能什么也没看见。一种反应是，开始慢慢查看一帧一帧的画面上记录下来的数据。我们不会这样无休止地进行下去，这是非常枯燥的。

快速和有声有色必不可少。我们必须做的是探究这个影像。设立假说；询问影像，一次一个问题，快速地浏览影像。谁在左边走，而不是在右边走，大部分妇女？或男人们？如果三个人并肩走会怎么样？人流的节奏会随小时有变化吗？许多问题会找不到答案。但是，总有一两个问题会有结果。

加快放映是有帮助的。当我们翻来覆去看片子时，我们看到的东西是其他情况下看不到的。这是一个创造性的评估阶段。没时间去计较精确性。以后还有足够的时间做到精确。

加快放映在另一方面也是有帮助的。我们有时想以每秒18帧或24帧的正常电影速度放映。如同慢放一样，极力压缩时间和运动也帮助我们看到那些在其他方式下难以看到的模式。我们使用这种加速放映的方式，研究百老汇和第七大道交汇的时代广场地区的交通流。有空间留给步行人流吗？摄影显示，两条大道基本上是出租车道，呈现黄色；大部分出租车仅在几条车道上穿行，只要信号灯允许，它们都在争取尽快移动，打车最少的时候，它们的数量最多。

这类调查详细地告诉我们随后会有什么发生。下一步就是一帧一帧画面地分析，尽可能慢，现在，精确就变得很重要了。但是，相对而言，速度也是有规则的。有点像打牌。如果我们用去太多的时间，会忘记我们手里的牌：如果我们迅速出牌，会打得比较好。那辆车是在2道还是3道上换道？穿黑衣的那个人与左边那三个人一组，还是与右边那两个人一组？录像画面是模棱两可的，我们必须赶紧做出决定，然后坚持下去。

现在该是我们体会画面上时钟重要性的时候了。画面上的时钟给我们提供了参考点。如果戴红帽子的人进入广场的那帧画面上，时钟是2:20:27，我们在纸上记下这个数字，继续看这个戴红帽子的人做什么，直到结束，然后，再返回到2:20:27那帧画面上，寻找下一个人的踪迹。这依然会让我们有些混乱，经常中断，喝口茶什么的，但是，我们毕竟有了行动的精确数字，这会大大加快我们的评估。

为了制作之前那张图，西格莱姆公园台沿一天的生活，我花了100个小时坐在看片器前。我认为这张图值得花这么多时间。当然，我花了太多时间去做重复性的技术性工作。从那以后，我们已经学会如何把时间减半，又不丧失准确性。当我们相互检查特定系列的注释时，差别很少大于3%。

让我再次强调，我们必须知道我们找什么，或我们不会看什么。直接观察是前提。如果通过直接观察，我们有了一些有关一个地方常规情况的想法，那么，通过一个地方的延时摄影，我们会看到比其他方式看到的更多的东西。在我们已经评估了一个影片之后，把它放到一边，我们可能会注意到一个过去我们没有注意的模式。这会推动我们重新评估那个延时影像。

一天，我正在看一个盲人乞丐的影片，我注意到，另一个盲人乞丐出现在那个画面里，在第一个盲人乞丐背后40英尺的地方，开始晃动他的杯子。我很好奇，想弄清一个人如何影响另一个的乞讨。第一个盲人乞丐在同一个地方不断移来移去，摇动着他的杯子。另一个盲人乞丐保持不动。从经过他们的人那里得到钱的次数来看，这个来回移动的盲人乞丐大约比那个不动的盲人乞丐要多3倍。我重新看了许多年以前我录下的许多有关乞丐的影像。于是，我有了一系列新的问题需要回答，这个影像显示出比以前更多的信息。

最后，我要提醒一下，一个职业危害，这个危害在一般有关研究的书本上是不提的。当我们研究一个地方，编制图表，绘制地图，我们便开始取得一种有关这个地方的所有权。我们没有考虑到这种所有权。显然，我们并没有这个权利。但是，我们感觉到了这个权利，它是我们的地盘。是我们争取来的。

我们也这样去感觉人。当我们弄清了他们更多的行为模式和可以预测他们的行为时，通过预测他们会去做什么，我们仿佛感觉有了一种力量。当我去我研究了很久的一条街时，我常常很高兴去看看那里发生了什么，我对自己也很欣赏。我的人在那里生活。他们正在做他们应该做的。有两个妇女正在恰当的地方交谈。一个人无所事事地摇摆着自己的脚后跟。两个人正在说再见。人们很快会重演所有这一切。他们就是这样的生活着。多么心满意足！

附录 B

纽约市开放空间分区法令摘要

1961 年，纽约市实施了一种分区规划办法，以建筑面积来奖励那些提供广场空间的业主。每 1 平方英尺广场空间，允许业主增加 10 平方英尺的商业建筑面积。当时对广场的要求是，公众可以 24 小时自由使用广场。后来人们发现，这就是对广场的唯一要求。

1975 年的修正案要求广场还要适合于公众，设立了专门的指南，保证广场适合于公众。这里以略有删节的形式介绍这个指南，1977 年要求居住建筑实施相应的条款。

1975 年分区规划修正案

坐凳

每 30 平方英尺的城市广场面积应该有 1 延英尺的坐凳空间。如果城市广场所面对的 100 英尺大街至少有 2.25 度的坡度变化，或者整个城市广场有 2.25 度以上坡度变化，则采用下述要求，每 40 平方英尺的城市广场面积至少有 1 延英尺的坐凳空间。

坐凳纵深宽度应该至少有 16 英寸。靠背高度至少达到 12 英寸的坐凳，纵深宽度应该最少有 14 英寸。纵深宽度达到 30 英寸或更多，且两边均可入座的坐凳，应该双倍计算其坐凳空间。

相对相邻步行表面高程的高度超过 36 英寸和低于 12 英寸的地方，不应该计入满足坐凳要求的坐凳空间。

垣顶，包括但不限于树池、花坛、喷水池和水池的垣顶，只要符合上述坐凳标准尺寸，都可以计入坐凳空间。

移动坐凳或椅子，不包括露天咖啡店的椅子，可以把每把椅子计作 30 延英寸的坐凳空间。

当坐凳空间不足计入延英寸量的 50% 时，可以用移动坐凳补充，这些移动坐凳可以在晚上 7 点至早上 7 点之间收藏起来。

台阶、露天剧场和露天咖啡店的坐凳均不计入规定的坐凳空间。

为了照顾残疾人，至少 5% 要求的坐凳空间应该有靠背。

栽植和树木

开放空间分区地块的全部临街部分，每 25 英尺应该至少种植一棵胸径 3.5 英寸以上的树。每棵树的种植池至少使用 200 立方英尺的土壤，种植池中土壤的深度至少达到 3 英尺 6 英寸，整平种植池中的土壤，覆盖树池保护格栅。

城市开放空间里的树木：面积为 1 500 平方英尺以上的城市广场，要求种植 4 棵树。面积为 5 000 平方英尺以上的城市广场，要求种植 6 棵树。面积为 12 000 平方英尺以上的城市广场，要求每 2 000 平方英尺种植 1 棵树，或以部分城市广场面积计算。种植在城市开放空间里的树木，树的胸径在栽植时就应该至少达到 3.5 英寸。这些树木应该种植在至少使用 200 立方英尺土壤的种植池中，种植池中土壤的深度至少达到 3 英尺 6 英寸，整平土壤，覆盖树池保护格栅，或把树木种植在一个至少具有 75 平方英尺连续区域的种植池，不包括种植池垣，树木间隔不大于 25 英尺。

栽植：种植池应该有至少 2 英尺深的土壤，种草或其他地面覆盖植物，如果种植灌木，种植池应该有至少 3 英尺深的土壤。

沿街零售

除开沿着狭窄街道加宽的那一部分人行道外，面对城市开放空间的建筑立面，或面对一个与城市开放空间相邻的廊道的建筑立面，其临街部分的 50% 应该用于相应地区规定允许的零售店或服务网点，但是，不包括银行、信贷机构、旅行代理或航空公司办事处，垂直环流因素、建筑门厅和地铁入口使用的临街部分都排除在这个 50% 的比例之外。另外，应该允许临街安排图书馆、博物馆和艺术博物馆。从城市开放空间或相邻的廊道出发，应该可以直通这些商业设施。

照明

城市开放空间应该有完全的照明，整体平均照明水平最少不小于 2 个水平英尺烛光（每英尺流明）。在整个黑暗的时间里，城市开放空间应该维持在这个照明水平上。应该有 1 个或更多的照明电力供应设施，每 4 000 平方英尺的整个供电量为 1 200 瓦，或按照开放空间面积分开计算，不包括扩宽的人行道。

流动和通道

城市广场应该在所有时间里向公众开放使用，公众可以从相邻的公共人行道，或经过至少长度达到 50% 的沿街立面已经扩宽成人行道的地方，直接进入这个城市广场。为了从街上可以最清晰地看到城市广场，沿着剩下的 50% 沿街立面，没有超出平均高度 36 英寸以上的墙壁，也没有任何一个点高于最相邻大街的街沿 5 英尺。

城市广场任何一个点上的高程与最相邻大街的街沿高程之差，不应该大于或小于 3 英尺。

一条至少有 2.25 度坡度的大街，面对一个面积大于 10 000 平方英尺的城市广场，这条大街与这个广场的距离至少有 75 英尺，在这种情况下，城市广场任何一个点上的高程与最相邻大街的街沿高程之差，不应该大于或小于5英尺，这个城市广场可以取 ±5英尺之间的任意高程。不要求建设沿街的入口，不允许建设超出城市广场高程36英寸以上的墙壁。

一条大街的人行道上有一个地铁入口，城市广场面对这个人行道，就城市广场本身，这个地铁入口不能被取代，在这种情况下，应该按照相邻人行道的高程建设这个城市广场，这个人行道在所有方向上距离地铁入口建筑物至少15英尺。这样一个环绕地铁入口的城市广场区域不应该有任何障碍物。

若城市广场本身用作地铁入口，台阶应该至少有10英尺宽。

一个城市广场或一个城市广场的部分延伸到整个地块，与两条街相连接，这两条街平行，或相互之间在45°范围内平行，地铁入口的台阶应该至少有40英尺宽。

与这个广场相连接的建筑墙壁，任何一个长度大于125英尺部分，应该把其最大高度限制在85英尺内，在此之上的建筑部分至少要从城市广场边界退红15英尺，这个限制条件不应该用于与宽度只有75英尺城市广场相连接的任何一个建筑墙壁。

生理残疾人通道

至少应该有一条通道到达以下每一种场所：

城市开放空间的主要部分；

通往城市开放空间的任何一个建筑大厅；

可能在城市开放空间出现的或与城市开放空间毗邻的任何一种使用。

除开有特殊条款规定的更大宽度，这些通道应该有 5 英尺的最小宽度，排除和清理所有的障碍物。

在这类通道任何出现楼梯或台阶的地方，修建斜坡。这种斜坡的最小宽度应该是 36 英寸，坡度不大于 1∶12，表面防滑，因为这种坡道是开放边坡，所以，应该修建 2 英寸高的安全坡边。坡道的每一个顶端，都应该有一块平台，这个平台可能是公共人行道，至少长 5 英尺。

在这种路径上的所有楼梯或坡道，都应该提供扶手。扶手高度应该是 32 英寸，扶手应该有中间围栏，其高度为 22 英寸，扶手应该延伸到楼梯或坡道之外至少 18 英寸。

在使用楼梯改变这类路径上坡度的地方，应该有封闭的立板，立板最大高度为 7.5 英寸，踏板宽度为 11 英寸，没有踏板凸边。

餐饮设施：允许的障碍

从城市开放空间的最低处到它的最高处都应该是无障碍物的，当然，以下障碍物除外：通常在公共公园和游乐场地里可以看到的设施、设备和附属物，如喷泉和倒影池、瀑布、雕塑和艺术品、凉亭、棚架、长凳、坐凳、树木、种植床、垃圾桶、饮水池、自行车道；露天咖啡馆；亭子；户外设施；灯具和照明支柱；旗杆；公用电话；临时展览；遮阳篷；檐、系缆桩；地铁站出入口，可能包括自动扶梯。这些设施、设备和附属物可能只允许出现在城市广场和露天通道里，而不允许建在加宽的人行道上。小亭、露天咖啡馆、露天剧场、收费的溜冰场，可以在规划委员会主任和预算委员会建筑委员批准的条件下，布置在城市开放空间里。

小亭应该是一层楼的建筑物，建筑面积不超出150平方英尺，主要使用轻质建筑材料，如金属、玻璃、塑料或玻璃钢。

露天咖啡馆应该是一个永久性不封闭的餐饮场所，受相应地区法规许可的约束，露天咖啡馆可以有服务生，是露天的，可能搭建符合建筑规范的临时性织物软顶。

露天咖啡馆一定是从各个方向都可以到达的，与剩下的城市开放空间之间有一个边界。

露天咖啡馆可以占用的累计面积不超过城市开放空间总面积的20%。

露天咖啡馆不应该安装厨房设备。厨房设备可以安排在与露天咖啡馆相邻的小亭里。

作为批准的障碍物，不应该界定露天咖啡馆的建筑面积。

可以在城市开放空间里使用小亭的窗口，向顾客提供露天餐饮服务。

在安装有饮水池的城市开放空间里，至少有一个饮水池可以供轮椅使用者饮水，高度应该是 30 英寸，可以用手和脚操作，展示国际通用的使用符号。

管理

大厦业主应该负责管理城市开放空间，包括但不限于管理允许障碍物的界限、管理垃圾、照看和替换分区内部和与这个分区相邻的人行道上的植物。

履约保证金

在获得建筑部任何使用证书之前，大厦业主应该给纽约市审计员提供一份履约保证金或城市抵押金，确保在大厦使用期间，完成法定的植树义务、法定的可移动坐凳，管理城市开放空间的垃圾，包括替换这些树木和可以移动设施。

如果业主没有履行相应法定义务，城市规划委员会主任会书面通知大厦业主，要求大厦业主限期纠正错误。如果在限定时间内大厦业主没有纠正错误，城市规划委员会主任可以宣布，大厦业主违约，没有履行法定义务，纽约市可以通过各种适当手段来强制大厦业主履行法定义务，包括雇人替大厦业主履行法定义务，植树、安装或管理公共空间及其设施，拿大厦业主已经缴纳的履约保证金，去偿付完成这些工作的劳动成本和材料成本。

证书

任何通过获得建筑面积奖励而建设起来的城市开放空间，应该在其永久性的位置上，展示证书或其他永久性标志。这类标志应该注明，树的数目，可以移动椅子的数目，以及城市规划委员会要求的任何其他设施的数目，业主的姓名以及业主指定管理这个城市空间的人。

现存的广场

对于在这个修正案颁布之前已经存在的广场来讲，可以在广场范围内建设经由城市规划委员会主任和预算委员会批准的小亭和露天咖啡店，这些使用可以推动公众对广场的使用和享受，稳定周边地区合乎需要的使用，建设小亭和露天咖啡店是广场总体改善的一部分，包括提供更多的坐凳空间和景观，业主负责管理这类对公共开放空间的使用。

其他条款

位置和朝向：尽可能满足朝南的要求。在附近存在其他大型空间时，为了保护大街墙壁的连续性，一个广场可以占用的临街面受到限制。

比例限制：不鼓励带状广场，所以，广场的宽度一定不少于广场长度的1/3。

露天中央广场：这些中央广场用在与地铁站相邻的空间

里，在计划中的第二大道地铁站时考虑到了这一选择。这个中央广场需要建设成下沉式广场，设想的中间层面积在 4 000 平方英尺到 8 000 平方英尺之间。大街层应该有一条人行道，宽度至少 20 英尺，以及建设一个大街层广场的空间。

居住区广场（1977 年实施）

在高密度居住区建设兼顾街道环境和包括诸种活动和休闲功能在内的广场。这些新条款鼓励居住区公共广场具有如下特征：容易进入、吸引人、阳光明媚、安全和景观美丽。

朝向

所有的居住区广场开发应该尽可能满足朝南的要求，让阳光最大程度地照射到主要空间上。只有在不可能满足朝南要求的时候，才允许其他朝向。

进入

居住区广场的所有主体空间应该可以直接从沿广场临街面 50% 的相邻公共人行道上进入。

一个居住区广场仅仅有一个狭窄的临界面，或者一个居住区广场与两条街连接，这两条街平行或相互之间在 45° 范围内平行，晚上8点到早上8点之间可以使用水平栏杆或垂直构建和可以上锁的大门，限制通行，除开这样几种情况外，公众应该可以在所有时间里到达居住区广场的所有基本空间。

生理残疾人的通道：至少应该有一条通道到达以下每一种场所，这些通道应该有5英尺的最小宽度。在这类通道任何出现楼梯或台阶的地方，修建斜坡。在这种路径上的所有楼梯或坡道，都应该提供扶手。

在使用楼梯改变这类路径上坡度的地方，应该有封闭的立板，立板最大高度为7.5英寸，踏板宽度为11英寸，没有踏板凸边。

高程

居住区广场所有主体空间的高程与最邻近人行道边高程之差，应该在 ±3 英尺范围内。

居住区广场主体空间的规模等于或大于8 000平方英尺时，居住区广场主体空间规模的25%可以坐落在大于与最邻近人行道边高程 ±3 英尺的高程上。

照明

在整个黑暗的时间里，居住区广场所有主体空间应该维持在整体平均照明水平最少不小于2个水平英尺烛光。

法定设施

坐凳：每30平方英尺的居住区广场主体空间应该有1延英尺坐凳空间。这样的坐凳空间应该有1英尺4英寸的坐凳纵深宽度。靠背高度至少有1英尺高的坐凳应该有1英尺2英寸的坐凳纵深宽度。纵深宽度达到2英尺6英寸或更多，且两边均可入座的坐凳，应该双倍计算其坐凳空间。

为了照顾残疾人，至少10%要求的坐凳空间应该有靠背。

相对相邻步行表面高程的高度超过3英尺和低于1英尺的地方，不应该计入满足坐凳要求的坐凳空间。

每把移动坐凳或椅子可以计作2英尺6英寸长的坐凳空间。

移动坐凳不应该超出要求坐凳空间的50%。

台阶不应该计入要求的坐凳空间。

垣顶，包括但不限于树池、花坛、喷水池和水池的垣顶，只要符合上述坐凳标准尺寸，都可以计入坐凳空间。

植树：每1 000平方英尺居住区广场主体空间应该最少有1棵树。

自行车停放设备：所有的居住区广场主体空间内都应该提供自行车停放设备。每1 000平方英尺的居住区广场主体空间应该提供可以停放2辆自行车的设备。

饮水池：所有的居住区广场主体空间内都应该提供至少1个饮水池。

额外设施

除了上述的法定设施外，所有的居住区广场主体空间内都应该提供至少 2 种额外设施。这些设施是额外提供的，不包括那些空间所需的设施在内。

植树：每 2 000 平方英尺居住区广场主体空间应该最少有 1 棵树。

栽植：每 1 000 平方英尺居住区广场主体空间，植物，包括悬挂植物或种有季节性花卉、灌木、藤蔓或其他植物的种植池的全部面积，至少要达到 150 平方英尺。具有常青性质的每一棵植物或种植池所占有的面积，应该至少有 30 平方英尺，土壤深度至少有 2 英尺。

草和其他地面覆盖：每 1 000 平方英尺居住区广场主体空间应该有 150 平方英尺草或其他地面覆盖物。

游戏桌：每个分区规划地块的居住区广场主体空间应该有容纳 16 个人的游戏桌和坐凳。

公共艺术品：每个分区规划地块的居住区广场主体空间都应该有公共艺术品，如雕塑。

喷水池和水池：每个分区规划地块的居住区广场主体空间都应该有不少于 300 平方英尺的装饰性喷水池或倒影水池。

嬉戏设施：每 1 000 平方英尺居住区广场主体空间应该有 1 个嬉戏设施，如横杆、攀登设施、秋千、沙坑、戏水池或相似嬉戏设施。

选择了这种设施，法定的树木种植要求可以减半。

露天咖啡馆：露天咖啡馆应该是一个永久性不封闭的餐饮场所，受相应地区法规许可的约束，露天咖啡馆可以有服务生。

露天咖啡馆可以占用的累计面积不超过居住区广场主体空间总面积的20%。

小亭：小亭应该是一层楼的建筑物，建筑面积不超出100平方英尺，主要使用轻质建筑材料，如金属、玻璃、塑料或玻璃钢。

选择性设施

居住区广场主体空间还可以包括额外数目的上述设施和其他设施，如树木、棚架、垃圾桶、户外设施、灯具和照明支柱、旗杆、公用电话、遮阳篷、檐、灯箱、地铁站出入口、轮椅者可以操作的饮水设施。

居住区广场主体空间的所有设施，包括法定的、额外的和选择的，所占用的面积不应该超出居住区广场主体空间面积的60%。

边角零星空间

毗邻公共人行道或居住区广场的地方会有一些边角零星空间，应该把它们用来建设景观观赏设施，或者按照这个部分的条款，开发成公众可以使用的空间。边角零星空间的开发面积不应该超出一个分区规划地块上的居住区广场总面积的 40%。

北朝向的广场

居住区北朝向广场应该提供至少 2 种以下设施：

每 1 000 平方英尺居住区北朝向广场，植物，包括悬挂植物或种有季节性花卉、灌木、藤蔓或其他植物的种植池的全部面积，至少要达到 150 平方英尺。

每个居住区北朝向广场应该有公共艺术品，如雕塑。

每个居住区北朝向广场应该有不少于 300 平方英尺的装饰性喷水池或倒影水池。

使用轻质建筑材料，如玻璃或塑料建造的一层楼高的小亭。

选择性设施：每个居住区北朝向广场还可以包括额外数目的上述设施和其他设施，如树木、棚架、垃圾桶、户外设施、灯具和照明支柱、旗杆、公用电话、遮阳篷、檐、灯箱、地铁站出入口、轮椅者可以操作的饮水设施。

零售延续性

一个建筑物临街墙壁至少长 50 英尺，面对宽阔的大街，如果地区法规允许，最少 50% 临街建筑墙壁应该用于商业。

居住区广场建筑面积奖励

在这个指定的地区，以分区规划允许的整个建筑面积为基础，每 1 平方英尺广场面积增加 6 平方英尺建筑面积。

管理

具体管理要求类似于办公大厦广场的管理要求。建筑物的业主必须提交履约保证金以保证适当地管理居住区广场。必须展示居住区广场证书，向公众提供对广场设施详细要求的信息。

注 释

引 言

两本相关观察的基本著作是，Edward T. Hall 的 *The Hidden Dimension*（New York：Doubleday & Co.，1966）和 Robert Somrner 的 *Personal Space：the Behavioral Basis of Design*（Englewood Cliffs，NJ.：Prentice-Hall，1969）。

作为设计专业的景观建筑师，一直都对人的研究很感兴趣，《景观建筑》杂志（*Landscape Architecture*）发表了一些有见地的文章，它们中有 John T. Lyle，"People Watching in Parks"（October 1970）；Sidney Brower，"Streetfront and Sidewalk"（July 1973）；Nancy Linday，"It All Comes Down to a Place to Sit and Watch"（November 1978）。杂志编辑 Grady Clay，他本人也是一名杰出的观察者，最近写作出版了 *Alleys：A Hidden Resource*（Louisville：Cross Section Publishers，1979）。

"公共空间项目"使用了直接观察和延时摄影的方法，对重要的公共空间进行了一系列高质量的研究，研究范围从纽约 125 街的哈林车站到国家公园接待中心。有关这些研究的报告是公开的，如果需要研究一览、有关研究方法的小册子，均可以给“公共空间项目”写信，地址是，Suite 201，875 Avenue of the Americas，New York，New York 10001。

第一章　广场生活

人们形成多种规模群体的频率具有明显的一致性，尤其是三人组的比例。在 2 年中，人的群体分布研究显示了如下的结果：

人群中的人数	12 个广场	施格兰广场
2	67%	60%
3	21%	21%
4 个以上	12%	19%

这些都是坐着的人：对于站着的人来讲，大人群的比例比较小，但是，人的群体分布类似，没有改变多少坐着的人群分布。乔维克（Ciolek）在他的澳大利亚研究中发现，2 个人站着的人群占 71.3%，3 个人站着的人群占 19%，4 个人以上站着的人群占 9.2%。这个研究结果与在美国和欧洲的所观察到的结果相类似，William H. Whyte，“New York and Tokyo：A Study in Crowding” 和 Randolph David，*A Comparative Study of Street Life*.（Tokyo：The Research Institute for Oriental Cultures，Gakushuin University，1978）。Matthew T. Ciolek，“Location of Static Gatherings in Pedestrian Areas：An Explanatory Study”，Australian National University，Canberra，December 1976. Jan Gehl，“Pedestrians”，ARKITEKTEN（Denmark），1968。

第二章　坐凳空间

建筑师约翰逊（Philip Johnson）：“我们设计了施格兰大厦前的那些地块，这样，人们就不能坐在那里了，但是，我们发现，人们会做各种事，他们随便坐在那里。他们太喜爱那个地方了，所以，他们沿着大厦墙边很窄的台沿挪动着。我们在靠近大理石台沿的地方布置了水，他们可能会想，如果坐在那里，恐怕会掉到水里去。他们真没有掉进水里去；他们用各式各样办法坐到了台沿上。”

H.K.：“是啊，那里是我们唯一能够坐坐的地方。”

P.J.：“我知道这个情况。这个情况从未出现在密斯的思想里，密斯后来告诉我，‘我从未想象过，人们会愿意坐在那里’。”

John W. Cook and Heinrich Klotz，*Conversations with Architects*（New York：Praeger，1973）.

第三章　阳光、风、树和水

技术和设备改进应该会使阳光研究更容易一些，使用得更频繁一些。例如，美国印第安纳州的波尔州立大学已经开发了一个大规模“日影仪”，把阳光投影到 1/4 英寸规模的建筑模型上。这个日影仪可以调整纬度，调整任何一天、任何一月、任何一年的任何一个时间。

有关建筑和自然环境之间关系的最好的著作是 James Marston Fitch，*American Building*，*The Environmental Forces That Shape It*，second edition（New York：Schocken Books，1975）。

把重点放在城市空间气候研究上的著作有 *Plazas for People*（New York：Project for Public Spaces，1978）by Don C. Miles、Robert S. Cook and Cameron B. Roberts。这项研究以分析西雅图的空间为基础，揭示出那些多雨和多风地区所采用的广场标准有缺陷，提出了适应这些实际情况的设计。

进一步的研究指出，我们听到的是我们认为我们应该听的。把新的菲利浦莫里斯大厦与靠近中央火车站的 42 街连接起来，有人问我分贝数，这个地方被认为是纽约非常嘈杂的地方之一。它的确看似喧闹。令人惊讶的是，噪音测量设备记录下来的噪音却是中度水平的。两年以后，这个地方会看上去很不一样。街头会有一个室内花园，现在中央火车站航脏的外立面会得到清理，变成白色的。这个地方会看上去好多了，从这个理由出发，这个地方可能会让人感觉好多了。我敢打赌，无论那里真的很嘈杂或并非如此，人们都会认为这个地方没有那么嘈杂。

第四章　食品

一个问题是，考虑露天咖啡店似乎有陈词滥调之嫌。一些年前，理想的广场、中心和街头巷尾的建筑效果图，一般都会有一个室外咖啡馆，巴黎风格的小亭，摇风琴的人，一些孩子们手里拿着气球。这种场面现在不时兴了。若干年前，在 W. R. 格雷斯广场改造设计竞赛中，建筑学院提交了 260 个设计方案。其中仅有 6 个设计方案包括了桌椅，这 6 个有桌椅的设计方案中有一个入选最后一轮评选。有些著名建筑师的意见倾向于没有这种“俗气的”的设施。结果是，没有任何一个设计方案被采纳。W. R. 格雷斯广场直到现在还是没有供户外餐饮者使用的桌椅。

第五章　街头

我有一个特殊的理由引用 *The Exploding Metropolis*（Garden City，N. Y.：Doubleday & Co.，1958），因为这本书以我编辑

的《财富》杂志系列文章为基础。我很难做到公正，但是，我认为，我编辑的这些系列文章有些超前，足以让《建筑论坛》杂志的简·雅各布斯（Jane Jacobs）撰写有关市中心的一篇重要文章。雅各布斯猛烈地批判了当时的规划教条，肯定了当时规划教条不待见的大街小巷，认为街头充满了活力，不久以后，雅各布斯在《美国大城市的死与生》（*The Death and Life of Great American Cities*，New York：Random House，1959）中继续推进了这些论题。

伯纳德·鲁多夫斯基（Bernard Rudovsky）的《人的大街》（*Streets for People*，New York：Doubleday & Co.1964）是一本有关人行街道的很好的书。这本书的第一部分涉及令人沮丧的美国步行状况，当然，有关意大利那些在功能上令人愉悦的街道的描述十分优美。

罗伯托·布拉姆米拉（Roberto G. Brambilla）的《更多的人的大街》（*More Streets for People*，New York：Italian Art and Landscape Foundation，1973）对当代大街的潜力做了很好的探索。以后，布拉姆米拉与詹尼·隆戈（Gianni Longo）一起，撰写了有关步行广场、禁止车辆行驶区以及海内外的类似方式的报告，由维尼设计图书馆出版。

约翰·J.鲁英（John J. Fruin）的《步行规划和设计》（*Pedestrian Planning and Design*）在研究作为交通单元的步行者方面居于领先地位。但是很不幸，这本书已经绝版。当然，鲁英一直都在继续他的研究，推进这方面的研究。

鲍里斯 · S. 普西克拉夫（Boris S. Pushkarev）和杰弗里 · M. 祖潘（Jeffrey M. Zupan）的《步行者的城市空间》（*Urban Space for Pedestrians*，Cambridge：M.I.T. Press，1975）是一部讨论步行空间和车辆空间不平衡的著作。从方法上讲，这个研究使用航拍描绘了步行量。我们的研究团队，“街道生活项目”，正在研究那个时期的几个相同的地区，我们使用的是街道观察和延时拍摄的方式。两项研究的结果相差不远。

弗雷德里克 · 劳 · 奥姆斯特德非常欣赏街头。他把作为中央公园边界的大街看成一个“外公园”，坚持认为，这些大街与公园联系在一起。中央公园委员会要求奥姆斯特德给这个公园设立某种障碍，奥姆斯特德的回答是：

> 用一般石块制作的街沿把这个外公园（即人行道）与道路分开就够了，超出这个水平任何障碍都是不足取的。有必要把这个外公园与内公园分开，但是，超出必要的分割会令使用者不快……外公园里种植的树木是设计用来作为中央公园的一部分的，增加中央公园的优美、吸引力和价值。公园主体的景色应该很大程度地增加这个外公园的优美、吸引力和价值。只要实践上可行，公园主体和外公园应该合为一体，相互成为对方的一部分。

关于铁栅栏，奥姆斯特德提出：

> 我认为，铁栅栏毫无疑问是我们可以使用的再丑陋不过的元素了。如果从功能上讲，我们非用不可，那么，越少用越好，就是在那些使用铁栅栏的地方，不应该太精巧、不应该做得太高太大太显眼，仿佛它本身值得赞美似的，不过是对跨越这个景色做个提示而已。

摘自1860年4月奥姆斯特德致中央公园委员会的信［*Forty Years of Landscape Architecture*：*Central Park*，edited by Frederick Law Olmsted and Theodora Kimball（Cambridge：M.I.T. Press，1975，paperback）］。

我们的研究显示，无论广场是下沉式的，还是街道高程的，与街道高程齐平的空间更受人欢迎。杰西潘尼大厦（J.C. Penney Building）是一个典型：下沉广场占据整个空间的25%，而在那里坐坐的人仅有13%。在通用汽车公司大厦，差别甚至更大，如果把围栏上坐着的人都计算进来的话，差别就不言而喻了。

芝加哥第一国民银行广场上的人员分布显示出类似于洛克菲勒广场的露天剧场模式。在大约有800人在那里坐坐的时候，我们发现，45%的人坐在比较低的广场上，15%的人坐在向下走方向的较低的台阶上，40%人在上部台阶和中间层上。我们的发现与伊利诺斯大学景观建筑系的阿尔伯特·拉特利奇（Albert Rutledge）教授及其学生的发现相耦合。他们使用“画板和铅笔”，在相对短的时间里，对芝加哥第一国民银行广场进行了精细的评估，提出了更好利用这个广场的一套推荐意见。（“First National Bank Plaza：A Pilot Study in Post Construction Evaluation,” June 1975.）

在花旗银行下沉式广场和周边台阶和台沿上，十分明显地呈现了露天剧场的效果。夏季午餐时间，广场里出现了音乐表演，人员的分布如下：全部人数为 400 人，其中 80 人在最低层面上，80 人在第一组台阶上，90 人在向上一个层面及其主要台阶上，150 人坐在大街高程的台沿上。

第六章　“不受欢迎的人”

纽约设想的麦迪逊大道购物中心没有通过的部分原因恰恰就是不受欢迎的人。当时，曾经做过 2 周实验，我们的摄影机记录下了当时的情况。这些记录清晰地显示，使用这条大街的人是在那里工作和购物的人。但是，有些零售商人看到了不受欢迎的人——尤其是“嬉皮士”。我在与一个商店老板交谈时，她注意到街上几个正在谈话的身着牛仔裤的年轻人。她说，“他们就是不受欢迎的人”。在我们研究我们的影片期间，约翰·林塞（John Lindsay）市长邀请零售商来观看。

有些零售商还是看到了不受欢迎的人。有一个人指责我篡改了影片，消除了影片上的不受欢迎的人。

大公司向城外转移的理由远不是担心不受欢迎的人。若干年以前，我对大公司顶级管理人员在大公司从城市搬迁出去前的住处做了一个研究。我发现，他们的居住场所与新的公司总部位置之间的相关性约为 90%。他们非常集中地居住在康涅狄格费尔菲尔德县 3 个高尔夫俱乐部附近。从居住地到新的总部的平均距离：7 英里。（William H. Whyte，“End of the Exodus”，*New York*，September 20，1976）

佩利公园和格里纳克公园的安全事件记录一直都很好。不过出现过一些磕碰。两个公园从未发生过针对公园的受伤或其他事情的指控。但是，这种情况并没有反映到保险公司的政策中。格里纳克公园一年的投保费为 2 200 美元，赔偿金额为 600 万美元。佩利公园一年的投保费为 2 800 美元，赔偿金额为 1 000 万美元。

阿曼达·博登（Amanda Burden）的《格里纳克公园》（*Greenacre Park*，New York：Project for Public Spaces，1978）描绘了人们如何维持那里的社会治安。

我们已经看到过使用监控摄影机的一个好处。我们知道一个在街头转悠的人，哈罗德，一个遇到麻烦的年轻人，他拿着麦克风，在街头向世界播音。人们嘲笑他。一天，他在一个广场里看到了一个摄影机。他迷上了这台摄影机；于是，一次又一次地对着这个不嘲笑他的摄影机播音。

南劳·林达伊（Nancy Linday）的“中央公园的社会经济划分”（“Drawing Socio-Economic Lines in Central Park：An Analysis of New York's Cultural Clashes”，*Landscape Architecture*，November，1977）研究了不受欢迎的青少年。1973年，公园事务委员理查德·克拉曼（Richard Clurman）要我们研究贝塞斯达喷泉。贝塞斯达喷泉成为西班牙裔青年聚会的地方，还有毒品和破坏方面的问题。我们最好的观察者之一，林达伊整个夏天都在那里观察。她发现，大多数时间里，那些青少年都在正常使用贝塞斯达喷泉，当然，如果游客盯着他们时，他们可能会喧哗起来。她的建议是：与这些青少年一起工作；让他们参与管理项目；有更多的人来当“市长”。

最高法院有些关于私人场所如购物中心公共权利的案例：（1）*Amalgamated Food Employees Union Local 590 et. al. v. Logan Valley Plaza*，*Inc. et. al*，391 vs. 308（1977）；（2）*Marsh v. Alabama*，326 vs. 501（1946）；（3）*Lloyd Corp. Ltd. v. Tanner et. at*，407 vs. 551（1971）。我要感谢麻省理工学院的舒斯特（Mark Shuster）对这些决定的论述。舒斯特在《哈佛法律评论》中撰文概括地说明了最高法院1971年法律条款的要点（HLR86：122 N 1972）。这篇文章强调了正在变化中的社会经济条件，提出：“虽然一种一般政治或社会性质的表达可能并不与作为一个公共集会场所的物业本身的任何使用或目的相关，但是，如同与这个物业功能相关的公共集会场所受到保护一样，这种一般政治或社会性质的表达需要得到保护，不要因为社会经济发展而取代了传统的第一修正案所说的公共集会场所。”

第七章　有效容量

参看 *New Life for Plazas*（April 1975），City of New York，Department of City Planning，Urban Design Group，这是 1975 年通过的有关办公大厦空间分区规划条例的完整说明；*Plazas for People*（May 1977），这是对 1977 年通过的有关居住建设空间条例的解释。

正在考虑奖励小公园的城市会提出的比我们更有弹性的要求。考虑到长期收益，有些专门规定，如要求小公园 24 小时都开放，现在看来明显过于死板。佩利公园和格里纳克公园并非 24 小时都开放的。它们都有大门，晚上关门。有关提供相应设施的规定也应该具有相同的灵活性。或者，允许在关门的时候，把可移动的桌椅收起来。纽约市已经批准了美洲大道 1166 号办公大厦广场和露天咖啡可以这样做。

第八章　室内空间

有关室内空间，参见苏珊妮·斯蒂芬斯（Suzanne Stephens）的“The Market at Citicorp，New York City”，*Progressive Architecture*，December 1978。

第九章　大厅和巨型商业中心

建筑师约翰·波特曼（John Portman）的前合作者，建筑师威廉·G. 康维（William G. Conway）对巨型建筑进行了尖锐的批判，在这种批判中，提到了巨型建筑对它们之间空间的影响。在“The Case against Urban Dinosaurs”（*Saturday Review*，May 14，1977）中，康维认为，这些受控环境的想法显示出设计师与城市为敌的态势，而他致力于拯救城市。他写道，在亚特兰大，“这个南方女王城里的五个巨型建筑珠宝正在把女王的皇冠变成傻瓜的黄金。这种倒转过来的炼金术正在糟蹋巨型建筑之间的市中心。在设计和建设这些巨型建筑时，项目出资人和市里的官员们忽略了建设所要服从的经济规律，他们叫喊着建设更多的巨型建筑，却没有首先了解这些建成的巨型建筑已经产生的后果”。

对于把大街当作市场的讨论来讲，参见“The New Urban

Marketplace; Street Fairs and Farmers' written by Markets Revisited", Barbara Petrocci, York University, Toronto, and presented at the annual meeting of the American Sociological Association, September 1978。

第十章　较小的城市和场所

奥古斯特·赫克歇尔（August Heckscher）是纽约市的前公园委员会的委员，对城市中心地区的公园问题特别了解，他对美国城市空间做过很好的评估《开放空间：美国的城市生活》（*Open Spaces: the Life of American Cities*, New York: Harper & Row, 1977）。

肯尼斯·哈尔彭（Kenneth Halpern）对市中心的开发和分区规划对市中心发展的作用进行了很细致的分析，参见《美国的市中心：九个美国城市的城市设计》（*Downtown USA: Urban Design in Nine American Cities*, New York: Whitney Library of Design, 1978）。

律师库克（小罗伯特·S. Robert S. Cook, Jr.）就要出版的一本书将讨论市中心的开发；讨论奖励分区规划和设计管理的利弊得失；我们需要汲取的经验教训。

第十一章　三角效应

我要感谢汉斯 - 伯恩德 · 齐默尔曼（Hans-Bernd Zimmerman）对布鲁克林海滨艺术中心社会模式颇具洞察力的研究，齐默尔曼在纽约城市大学研究生院攻读环境心理学博士学位，这项研究是他博士研究的一部分。

译后记

怀特、盖尔、雅各布斯与街头巷尾

广场舞、晨练可谓中国特色，在世界城市景观里绝无仅有。清晨街巷里那些散发着泥土芬芳的蔬菜摊、热气腾腾的早点摊，虽算不上举世无双，却也堪比欧美传统城市里还保留着的那些街头小铺和咖啡店。城市里那些街头巷尾很不起眼，有些连名字都只能意会，也许从来就没有什么人特别关注它。但是有一天，街头的那个卖馄饨的小店，巷尾地上那盘没下完的棋，胡同里那些熟识的面孔，甚至于大爷大妈大哥小妹的笑声，都一起消失了，代之而起的是一条车水马龙的大街或一幢幢令人生厌的大厦。只有到那一天，我们才感到若有所失。我们失去了什么？我们失去的是一种街头巷尾的感受，我们失去的是街头巷尾的日常生活环境，我们失去的是一个叫作街头巷尾的地方。

威廉·霍林斯沃思·怀特（William Hollingsworth Whyte，1917—1999）是个社会学家，所以他用“公共空间”这个带有些物权意味的抽象名词概括了那些叫作街头巷尾的地方，并毕生致力于对街头巷尾的那些小广场、小公园、小嬉戏场所和无以计数的零星空间展开社会行为研究。《城市小空间的社会生活》（1980）就是一本关于城市里那些街头巷尾或公共空间的经典著作，至今余音绕梁。扬·盖尔（Jan Gehl）是个建筑师，他用带有建筑色彩的抽象概念“建筑之间”来表达街头巷尾，毕生从建筑环境设计角度来研究怀特挚爱的小广场、小公园、小嬉戏场所和零星空间，写了一本关于公共空间的经典著作《建筑之间的生活：使用公共空间》（1986），成为必传之作。虽然不能说没有《城市小空间的社会生活》就没有《建筑之间的生活：使用公共空间》，但是，可以确定的是，盖尔在写作时参考了《城市小空间的社会生活》，并在第一章和第四章中引述了怀特的观点。

《城市小空间的社会生活》也罢，《建筑之间的生活：使用公共空间》也罢，异曲同工，无非是在赞美、鼓励、推动乃至提高百姓生活中须臾不可或缺的公共空间的品质。日常生活是在“城市小空间”里或“建筑之间”展开的。如果这些公共空间的自然环境和社会环境不好，人们会尽可能快地从那里悄然而过。如果这些公共空间物质条件不错，有人们寻求的那些必要活动，人们会流连忘返，在那里从事各种选择性活动。夏季，人们会在凉爽的地方坐下来，稍事休息，而在冬季，人们在那里晒晒太阳，或者漫步走过那里，享受生活，或者喝上一杯茶，看看雕塑或喷水池。一个公共空间里可以选择的活动越多，人们偶然相遇、与陌生人交谈或展开社交活动的可能性就越大。所以，怀特在《城市小空间的社会生活》里，给我们讲述了他10年潜心观察若干纽约公共空间的心得，鼓励我们创造一个更加人性化的公共空间，实现社会和谐。

尽管怀特的这些心得来自对美国城市现实的直接观察，是经验的，时间也已经流逝了三四十年，但是，正如怀特自己所说的那样，本书研究的大部分东西都是基础性的，所以，这些心得没有什么特定的适用范围，尤其是那些观察结论和研究方法都具有普适性。如果读者有兴趣，不妨边读《城市小空间的社会生活》，边看“清明上河图”，边想自家门前的那些大街小巷，一定别有一番感触。古今中外，人之常情总是不变的：

> 在公共空间里，女人比男人多；男人喜欢坐在前排，女人则青睐坐在稍微僻静一点的位置上；更多的情侣旁若无人地出现在大庭广众下，而不是躲在角落里；哪里有卖食品的，哪里就人气十足；人们喜欢凑热闹，哪里人多就越往哪里挤；所以，在公共空间里，创造多种活动，就可以把公共空间活跃起来。
>
> 可以坐坐的公共空间比没地方可坐的公共空间要受欢迎得多，人们往往最会去那些可以坐坐的地方；坐在椅子上还是坐在台阶、台沿上并不那么重要，只要坐得下去、坐得舒服、坐得安逸就行，最好是有可以挪动的

椅子，让人创造他们的临时环境。

人们对特定公共空间的使用有惯性，或对特定公共空间有依赖性，日复一日总是去那，而不是朝三暮四；如果人们看不到一个公共空间，或者那个空间让人望而却步，当然谈不上使用那个公共空间。一个地方吸引的人越多，泼皮无赖越不去，那里越安全。

怀特热爱城市，尤其是热爱传统的城市，欣赏传统城市里的公园、广场、人行道、花坛、喷水池，那些可以供人们相聚闲谈或者仅仅是与其他人相遇的零星公共空间。“我要赞美小空间。小空间的乘数效应是巨大的。这种效应不仅是就使用这些小空间人数而言的，实际上，还就经过这些小空间的人的感受而言，很多人不过是路过这些小空间，他们很喜欢这些小空间的感受，更多的人觉得，城市中心有了这些小空间，才感觉更好。对一个城市来讲，这样的小空间是无价的，无论花多少钱都是值得的。”

因此，怀特唾弃、痛恨、谴责甚至鞭挞破坏公共空间人性化品质的城市蔓延、土地浪费，丑陋的停产场、巨型购物中心和空空如也的大广场。正是这种态度，让怀特成了简·雅各布斯的知音。怀特与雅各布斯都笃信直接观察，这又让他们在研究方法上有了共同语言。从一定意义上讲，没有怀特，也就没有雅各布斯《美国大城市的死与生》这部世纪大作的横空出世。

1956年，哈佛大学设计研究生院邀请《建筑论坛》的编辑道格拉斯·哈斯克尔（Douglas Haskell）参加一个有关城市规划的会议，并作演讲，但是，哈斯克尔正在度假，所以，他的同事，《建筑论坛》的编辑雅各布斯，替他去参加这个会议。雅各布斯选择了一个把握不大的主题，做10分钟的演讲：城市开发项目缺少商店。她把传统商业街描绘为"有自己奇异智慧的混沌带，在我们目前的城市秩序概念中，还找不到这类智慧"。雅各布斯的观点是，店主店员都是重要的"公众人物"，他们设在街头巷尾的商店的功能不仅仅是出售东西，还是街区的社会中心，甚至那些空置商店的前面，也有作为会面场所的作用。采用在绿地里布置大规模居住楼群模式的新住宅开发项目，则不存在这种选择。雅各布斯说："这是一种荒唐可笑的情形，应该让规划师有些震撼。"雅各布斯以"东哈姆莱"新的住宅项目为例，说明一个洗衣间如何成了那里的主要社会空间（她曾经担任"联合居住区委员会"的成员）。她尖锐地指出："我们很惊讶，规划师是否知道这个项目的心脏会在地下室里。我们也很想知道，建筑师在设计这个洗衣间时，是否知道他们正在设计什么。"虽然雅各布斯缺少学术方面的证书，她的看法都是基于她的直接观察，但是，她的那些结论对建筑和城市规划做出了毫不隐讳的谴责。刘易斯·芒福德（Lewis Mumford）也参加了这个会议，他后来描绘了当时的情景，“这类学术会议常常具有专业术语云山雾罩的氛围，她却像一缕清风，淋漓尽致却没有歪曲地给与会者展示了把大量人口集中起来，塞进大规模重建起来的住宅区中的后果”。

怀特也参加了哈佛大学的这次会议，他同样对雅各布斯的发言印象深刻，当时，怀特正担任着时代公司旗舰商务杂志《财富》的助理主编。怀特是那一年出版的畅销书《有组织的人》（*The Organization Man*）的作者。怀特与雅各布斯一样，对城市再开发疑虑重重，于是，他邀请雅各布斯加入《财富》杂志将要发表的有关美国都市的系列文章。虽然雅各布斯开始没有接受这个邀请，怀特的同事们则把雅各布斯看成半路杀出来的程咬金，明显表现出对她的冷淡，但是，雅各布斯最终还是接受了怀特的邀请，撰写了一篇文章。

1957 年 9 月，系列文章开始发表，怀特撰写了第一篇文章，题目是“城市是非美国式的吗？”。他提出，几十年以来，人们遗忘了美国面临多种挑战的城市，不仅仅是形体上的衰落和贫困，还包括城区人口向郊区转移，中产阶级越来越不满意城市生活的证据迅速增长。联邦政府按照《城市更新法》（1948）对市政府提供支持，清理贫民窟，把土地出售给私人开发。像雅各布斯一样，怀特对城市更新的结果印象很不好。在谈到建筑师们顶礼膜拜的“光明城市”时，怀特写道：“从正在到来的大规模再开发项目的规划中，我们看到了一种新的城市形象，但是，这种城市既无生机，也无生气。”对于怀特来讲，关键问题是“这样的城市会声称它自己是一个好的生活场所吗”。

为了回答这个问题，怀特收集了“时代公司”的资源，与多个城市的记者进行接触，组织了国家范围的民意测验和观点调查，召集专家会议。例如，他自己的文章就附有高收入公寓居住者的好恶调查，强调了高层城市生活和低层城市生活的差别，在市中心发现了许多现在的所谓“空巢老人”，他们从郊区回到了城市。怀特的文章描绘了许多美国城市典型居住街道的情景：布鲁克林的哥伦比亚高地，旧金山的罗素山，新奥尔良的连排住宅，一位名叫奥菲欧·坦布里的巴黎艺术家，使用像莫里斯·郁特里罗那样的画面提醒读者，美国城市与欧洲城市一样，也有城市生活的传统。之后，《财富》的编辑们，如弗兰西斯·贝罗（Francis Bello）、西摩·弗雷古德（Seymour Freedgood）、丹尼尔·塞利格曼（Daniel Seligman）以及怀特，都给这个系列撰写了文章，包括了交通、城市管理、贫民窟和城市蔓延。这些报道的智慧、详尽和长度都是引人注目的，给人以紧迫感。它们的共同信息是，美国的城市具有独特的机会来更新自己，但是，它们必须正确地去处理城市更新。

尽管不是刻意安排，在这个由6篇文章组成的系列中，雅各布斯的文章是收官之作。《财富》的出版商杰克逊（C. D.

Jackson）发现，雅各布斯的文章矛盾不少，怀特和雅各布斯不同意杰克逊的意见，所以，这篇文章延迟了2个月，在怀特的坚持下，才在1958年4月期的《财富》上发表出来。这篇文章的标题是“人的市中心”，它是一篇针对城市更新的檄文。雅各布斯提出了这样一个问题：“这类项目看上去像什么？”“它们会是空间宽松的，像公园一样，不觉得拥挤。它们会有一个很好的绿色景观。它们会是稳定的、对称的和有序的。它们会是清洁的、印象深刻的和不朽的。它们会有一个井井有条的、有尊严的墓地。”为了展开批判，雅各布斯拿出了若干个再开发计划：费城的宾夕法利亚中心地下通道；匹兹堡市中心类似郊区风格的购物中心；纽约林肯中心的文化超级地块。（读者回头会看到，怀特这本书中逐一讨论了雅各布斯的这些案例。）她所要阐述的核心观点是，当城市需要改善时，城市改造应该保证和强化传统的城市属性，尤其是那种充满生机的街道。这个《财富》系列文章的前几个作者依赖于调查和专家意见，但是，雅各布斯所依赖的却是她自己在地面上——人行道上——所做的直接观察，借此评估人们在城市大街上的实际行为究竟是什么样的。雅各布斯赞美高密度、复杂性和多样性，指出了小街窄巷、短小的地块、新旧建筑混合，商业、文化和居住功能混合起来的优越性。雅各布斯在批判建筑师和规划师的城市愿景时写道：“设计一个梦幻的城市不难，改造一个充满生机的城市则要有想象力。”雅各布斯把城市改造看成零敲碎打的活动，市民们的管理高于专业人士的管理，这就预示着，在管理城市发展上，社区群体、审查委员会、商会实际上发挥着主要作用。

从这个故事里，我们可以看到，雅各布斯与怀特存在着很多交集，除开思想和方法上的相通外，他们甚至都不是学建筑的，却都在顶级建筑评论杂志里对城市发展、公共空间的规划设计评头论足。如果雅各布斯大妈还在人世，一定会为《城市小空间的社会生活》的中文版作序，对中国的城市大声疾呼，没有了街道和街道生活，没有能够吸引人们视线的景观，没有亲密感，没有什么符合人的尺度，是危险和乏味的。

怀特是一位教育了好几代城市设计师的城市及其公共空间观察家、评论家和社会学教授。第二次世界大战一结束，怀特就脱下军装，成了《财富》杂志的编辑。正是这份工作，让他在此后 50 年的学术生涯里，一直致力于美国战后城市发展的研究。从 1946 年算起，经过 10 年的研究，1956 年，他发表了《有组织的人》，这本书是谈美国郊区发展问题的，形象地描绘了每日往返于郊区豪宅和市中心公司之间的大公司经理们，他们信奉集体主义，遏制个人主义，进而用“社会道德”替代了单纯和天真。这本书当时销售了 200 万册，成为 20 世纪 50 年代三大畅销书之一（另外两本书是《孤独的人群》和《穿灰色法兰绒套装的男人》），于是他很快成为公众人物和颇具影响的城市评论家。又过了10年，怀特发表《最后的景观》（*The Last Landscape*），这是20世纪60年代末与麦克哈格《与自然协调的设计》和哈丁的《公地的悲剧》齐名的三部有关环境的里程碑式的著作，成为美国大城市地区快速扩张中保护开放空间的“圣经”。这本书列举了很多由于规划不当而造成的负面影响，如农田流失、缺乏休闲娱乐空间、地表及地下水污染、城市公共空间逐渐丧失等。再过了10年，怀特发表了《城市小空间的社会生活》以及他剪辑而成的同名纪录片，这本书至今仍然是许多国家城市规划协会推荐给会员必读的经典著作之一。

叶齐茂

2015年春节于墨尔本

William H. Whyte
THE SOCIAL LIFE OF SMALL URBAN SPACES

图字：09-2015-494 号

图书在版编目（CIP）数据

城市小空间的社会生活 /（美）威廉 · H. 怀特（William H. Whyte）著；叶齐茂，倪晓晖译 . -- 上海：上海译文出版社，2025. 6. --（译文经典）. -- ISBN 978-7-5327-9823-0

Ⅰ. TU984. 11

中国国家版本馆 CIP 数据核字第 2025FW3297 号

城市小空间的社会生活
［美］威廉 · H. 怀特　著　叶齐茂　倪晓晖　译
责任编辑 / 刘宇婷　装帧设计 / 张志全工作室

上海译文出版社有限公司出版、发行
网址：www.yiwen.com.cn
201101　上海市闵行区号景路 159 弄 B 座
山东韵杰文化科技有限公司印刷

开本 787 × 1092　1/32　印张 8.75　插页 5　字数 87,000
2025 年 6 月第 1 版　2025 年 6 月第 1 次印刷
印数：0,001—5,000 册

ISBN 978-7-5327-9823-0
定价：50.00 元